# 前 言
## PREFACE

# 用爱做好菜 用心烹佳肴

不忘初心，继续前行。

将时间拨回到 2002 年，青岛出版社"爱心家肴"品牌悄然面世。

在编辑团队的精心打造下，一套采用铜版纸、四色彩印、内容丰富实用的美食书被推向了市场。宛如一枚石子投入了平静的湖面，从一开始激起层层涟漪，到"蝴蝶效应"般兴起惊天骇浪，青岛出版社在美食出版领域的"江湖地位"迅速确立。随着现象级畅销书《新编家常菜谱》在全国摧枯拉朽般热销，青版图书引领美食出版全面进入彩色印刷时代。

市场的积极反馈让我们备受鼓舞，让我们也更加坚定了贴近读者、做读者最想要的美食图书的信念。为读者奉献兼具实用性、欣赏性的图书，成为我们不懈的追求。

时间来到 2017 年，"爱心家肴"品牌迎来了第十五个年头，"爱心家肴"的内涵和外延也在时光的砥砺中，愈加成熟，愈加壮大。

一方面，"爱心家肴"系列保持着一如既往的高品质；另一方面，在内容、版式上也越来越"接地气"。在内容上，更加注重健康实用；在版式上，努力做到时尚大方；在图片上，要求精益求精；在表述上，更倾向于分步详解、化繁为简，让读者快速上手、步步进阶，缩短您与幸福的距离。

2017 年，凝结着我们更多期盼与梦想的"爱心家肴"新鲜出炉了，希望能给您的生活带来温暖和幸福。

2017 版的"爱心家肴"系列，共 20 个品种，分为"好吃易做家常菜""美味新生活""越吃越有味"三个小单元。按菜式、食材等不同维度进行归类，收录的菜品款款色香味俱全，让人有马上动手试一试的冲动。各种烹饪技法一应俱全，能满足全家人对各种口味的需求。

书中绝大部分菜品都配有 3~12 张步骤图演示，便于您一步一步动手实践。另外，部分菜品配有精致的二维码视频，真正做到好吃不难做。通过这些图文并茂的佳肴，我们想传递一种理念，那就是自己做的美味吃起来更放心，在家里吃到的菜肴让人感觉更温馨。

爱心家肴，用爱做好菜，用心烹佳肴。

由于时间仓促，书中难免存在错讹之处，还请广大读者批评指正。

美食生活工作室

2017 年 12 月于青岛

# 第三章
## 煲给家人的
## 养生汤

# 经典菜肴之视频二维码

百合煮香芋

板栗煨鸡

腐竹煲猪肚

笋干炖鸭脯

羊肉丸子萝卜汤

猪大肠烩卷心菜

# 第一章

## 四季养生 滋养全年

四季养生就是按照春、夏、秋、冬，
温、热、凉、寒的变化来养生，
让养生和天时气候同步。

一年有二十四个节气，
每个季节都有六个节气，
这些节气正是养生的重要节点。
在这些重要的节点上，
我们按照当时的气候特点，
或补或清，或润或调，
选用合适的药材与食材，
配合合理的饮食、作息习惯，
全年均衡地滋养身体。

# 1 春季养生

## 春季气候特点

[立春]

立春在每年阳历2月3至5日之间，这时气候变暖，气温逐渐上升，万物更新，冬眠动物开始复苏。我国民间认为立春为春季的第一日，是冬寒向春暖转化的开始，人们要注意气候的变化，以防气候乍变引起外感。立春之日起，人体阳气开始升发，肝阳、肝火、肝风也随春季阳气的升发而上升。所以，立春后应注意肝脏的生理特征变化，保持情绪稳定，使肝气条达。

[雨水]

雨水在每年阳历2月18日至20日，这时我国大部分地区严寒已过，雨量逐渐增加，气温渐渐上升。春季以立春作为阳气升发的起点，到雨水时阳气逐渐旺盛，故应特别注意肝气疏泄条达。养生者宜勃发朝气，志蓄于心，身有所务。

[惊蛰]

惊蛰在每年阳历3月5日至7日，天气转暖，气候多变。人体肝阳之气渐升，阴血相对不足，养生宜顺应阳气的升发，饮食起居应顺肝之性，助益脾气，令五脏平和。

[春分]

春分在每年阳历3月20或22日。此时节应适当保暖，使人体在活动后有微汗，以开泄皮肤，使阳气能外泄，气机畅达。春天是高血压病多发季节，容易产生眩晕、失眠等并发症。

[清明]

清明在每年阳历4月4日或5日。此时阴雨潮湿，易使人疲倦嗜睡，乍暖乍寒的天气易使人受凉感冒，患扁桃体炎、肺炎等病。春季又是呼吸道传染病如百日咳、麻疹、水痘等的多发季节。清明后，多种慢性疾病易复发，如关节炎、哮喘等，相应人群在这段时间内要忌食发物，如海产品、笋、羊肉等，以免旧病复发。

[谷雨]

谷雨在每年4月20日或21日。由于气温升高和雨量增多，人体在这段时间内更易困乏，要注意锻炼身体。谷雨是种花养草的好时机，种花养草能使人精神焕发。

## 春季进补原则

① 春季肝旺之时，要少食酸性食物，否则会使肝气更旺，伤及脾胃。

② 中医认为"春以胃气为本"，故应改善和促进消化吸收功能。不管食补还是药补，都应有利于健脾和胃、补中益气，确保营养能

被充分吸收。

③ 因为春季湿度相比冬季要高，易引起湿温类疾病，所以进补时，一方面应健脾以燥湿，另一方面食补与药补也应注意选择具有利湿渗湿功效的食材与中药材。

④ 食补与药补补品的补性都应较为平和，除非必要，不能一味使用辛辣温热之品，以免在春季气温上升的情况下加重内热，伤及人体正气。

## ➡ 春季进补适用食物

糯米、粳米、栗子、莲子、大枣、菱角、菠菜、荠菜、牛肉、猪肚、牛肚、鸡肉等。

## ➡ 春季进补适用中药

茯苓、白术、黄精、山药、熟地、太子参、地丁、蒲公英、败酱草等。

# 2 夏季养生

## 夏季气候特点

夏天进补，冬病夏治，是夏季养生保健的一项重要原则。处于夏至日与立秋之间的三伏天，是一年中最炎热的时候，也是人体调补和治疗宿疾的最佳时机之一。

[立夏]

立夏是夏季开始的第一个节气，在每年阳历5月5日或6日。此时我国大部分地区农作物生长旺盛，气候逐渐转热，但早、晚一般还比较凉爽。初夏季节应早睡早起，多沐浴阳光，注意情志的调养，要保持肝气的疏泄，否则就会伤及心气，使人在秋冬季节生病。

[小满]

在每年阳历5月21日或22日。夏季万物生长最旺盛，人体生理活动也处于最旺盛的时期，消耗的营养物质为四季之中最多。应及时适当补充，才能使身体不受损伤。时至小满，春困夏乏，人精神不易集中，应经常到户外活动，吸纳大自然清阳之气，以满足人体各种活动的需要。

[芒种]

芒种在每年阳历6月5日或6日，我国长江中下游地区将进入多雨的黄梅时期。在芒种后数日

"入梅"（进入梅雨季节），一般持续一个月左右。黄梅时节多雨潮湿，由于湿气能伤脾胃，从而影响消化功能，故此时要注意保护脾胃，并少食油腻食品。

夏季阳气旺盛，天气炎热，稍有不慎即易染病，如急性肠胃炎、中暑、日光性皮炎、痢疾、乙脑伤寒等夏季易发的疾病，应注意预防。

[夏至]

夏至是二十四节气中较重要的一个节气，在每年阳历6月21日或22日。夏至以后，太阳逐渐南移，白昼自此逐渐缩短。由于太阳辐射到地面的热量仍比地面向空中发散的多，故在短期内气温继续升高。

[小暑]

在每年阳历7月7日或8日。"出梅"（梅雨季节结束）在小暑与大暑之间，各地气候不同，日期略有差异。夏季万物繁荣秀丽，天地气交，人们可晚睡早起，适当活动，使体内阳气向外宣泄，才能与"夏长"之气相适应，符合夏季养"长"之机。老人、儿童、体弱者应适当减少户外活动，避免中暑。

## [大暑]

大暑在每年阳历7月22日或23日，正值中伏前后，我国大部分地区已进入一年中最热的时期。近年来空调病的发病率逐渐升高，与天气炎热时人们将室内的温度调得过低有关，建议控制在27℃左右即可。

## 夏季进补原则

① 宜清淡可口，避免用黏腻败胃、难以消化的进补食材与药材。

② 重视健脾养胃，促进消化吸收功能。

③ 宜清心消暑解毒，避免暑邪。

④ 宜清热利湿，生津止渴，以平衡高温带来的体液的消耗。

### ➡夏季进补适用食物

薏米、蚕豆、莲子、荞麦、白扁豆、绿豆、大枣、菱角、莲藕、丝瓜、苦瓜、冬瓜、西瓜瓤、西瓜皮、芦荟、黑木耳、猪肚、猪肉、牛肉等。

### ➡夏季进补适用中药

西洋参、太子参、黄芪、茯苓、石斛、地骨皮、黄精、香薷、鲜荷叶、鲜竹叶、鲜藿香、鲜薄荷等。

# 3 秋季养生

## 秋季气候特点

### [立秋]

立秋在每年阳历8月7日或8日，我国习惯将立秋作为秋季的开始。立秋后阳气转衰，阴气日上，自然界由生长开始向收藏转变，故养生原则应转向敛神、降气、润燥、抑肺扶肝，这样才能保持五脏无偏。饮食增酸减辛，以助肝气。

### [处暑]

处暑在每年阳历8月23日或24日。此时，我国大部分地区气温逐渐下降，雨量减少，空气中的湿度也相对降低，使人有秋高气爽之感。但此时燥气也开始生成，人们会感到皮肤、口鼻干燥，故应注意秋燥的预防，多吃甘寒汁多的食物，如各种水果、麦冬、芦根等。即使有时气候还偏炎热，也不宜多食冷饮冰糕，以保护脾胃。

### [白露]

白露在每年阳历9月7日或8日。我国大部分地区气候转凉，空气更加干燥，会产生口干咽燥、干咳少痰、皮肤干燥、便秘等症状。秋天还是风湿病、高血压病容易复发的季节，所以要注意保暖，夜晚可盖薄被，以免引发旧疾或感染新恙。晨起外出应衣着保暖，勿空腹，但食勿过饱。

### [秋分]

秋分在每年阳历9月23日或24日。秋风送爽，是人们感觉最舒适的一个时节，故在此时应多去户外活动。秋分时节宜动静结合，调心肺，动身形，畅达神态，流通气血，对身心健康大有裨益。

[寒露]

寒露在每年阳历10月8日或9日。由于天气渐渐寒冷，人体血管也开始收缩，应注意预防冠心病、高血压、心肌炎等病复发。小儿、老人尤其要随时留意免受风寒，但又要注意适当"秋冻"。这种保养方法使人体的毛孔处于关闭状态，抗寒的能力大大增强，对体弱者预防感冒极为有益。

[霜降]

在每年阳历10月23日或24日。阴气更甚于前，切忌受寒，晨起宜略晚，以避寒气。体内有痰饮宿疾的人，每到这一季节容易发作，预防方法除谨避风邪外，还应注意饮食起居，避免醉饱及生冷。

时值霜降，人体脾气已衰，肺金当旺，饮食五味以减少味辛食物，适当增加酸、甘食物为宜，酸、甘化阴可益肝肾，而甘味入脾，可以巩固后天脾胃之本。

## 秋季进补原则

养阴是秋季养生的基本原则，秋季进补的原则为滋阴润燥、养肺。

① 注意食物的多样化和营养的均衡。

② 宜多吃耐嚼、富含膳食纤维的食物。建议选择具有润肺生津、养阴清燥作用的瓜果蔬菜、豆制品及食用菌类。

③ 宜多食粗粮，如红薯等，预防便秘。

### ● 秋季进补适用食物

龟肉、鳖肉、黄鳝、牡蛎、猪肝、猪肺、兔肉、鸭肉、鸭蛋、龙眼肉、燕窝、蜂乳、蜂蜜、牛奶、白木耳、香菇、甘蔗、梨、香蕉、马蹄、山药等。

### ● 秋季进补适用中药

西洋参、百合、蛤蚧、沙参、太子参、地骨皮、阿胶、天冬、麦冬、熟地、枸杞、黄精、玉竹等。

# 4 冬季养生

## 冬季气候特点

[立冬]

立冬在每年阳历11月7日或8日，我国民间习惯将立冬作为冬季的开始。黄河中、下游开始结冰，万物收藏，人们要特别注意防寒保暖，以保护人体阳气。

## [小雪]

小雪在每年阳历11月22日或23日。天气逐渐寒冷，人易患呼吸道疾病。特别是小儿，很容易患感冒和支气管炎。这个时节仍应坚持慢慢加衣，不要一下子穿得太厚。穿衣原则是以不出汗为度，避免汗孔大开，引风邪寒气侵入人体。此时节要适当减少户外活动，注意保暖，避免阳气的消耗。

## [大雪]

大雪在每年阳历12月7日或8日。此时节人应早睡晚起，保持沉静愉悦。避免受寒，保持温暖，室温以16～20℃最为理想，湿度以30%～40%为宜。

## [冬至]

冬至又称"冬节"或"大冬"，在每年阳历12月22日或23日。冬至是一年中白昼最短、夜晚最长的一天，是天地阴阳气交的枢机。阴盛阳衰，阴极生阳，一阳萌动，是人体阴阳气交的关键时刻，也是一年中最寒冷时期的开始，生活起居要注意防冻保暖。许多宿疾易在这一时期发作，如呼吸系统、泌尿系统疾病，且发病率相当高。

## [小寒]

小寒在每年阳历的1月5日或6日，此时要注意防寒保暖，减少户外活动。冬季阳气在内，阴气在外，人们应早睡晚起，不要让皮肤出汗耗阳，使人体与"冬藏"相应，但仍应积极参加健身运动，运动量以适度为宜。

## [大寒]

大寒是冬季最后一个节气，也是一年中最后一个节气，在每年阳历1月20日或21日。大寒正值三九后，气温很低，人体应固护精气，滋养阳气，将精气内蕴于肾，促进脏腑生理功能。在大寒时节，更应注意防寒保暖，预防冻疮和促进四肢末梢的血液循环。大寒虽为最严寒的时节，但离春天已经不远了。

# 冬季进补原则

① 冬季进补应以补肾健身为主，培本固元，增强体质。

② 可以选择补益力较强、针对虚证的补品。只要对虚证的诊断准确，整个冬季都应坚持进补，必能增强体质，促进健康。

③ 虽然冬季可以服用滋腻的补品，但还是要控制每次的进补量，避免倒胃口，影响正常的饮食和今后的进补。

④ 冬季是老年人容易发病的季节，如恰逢旧病发作或发烧等，应暂停进补，待病情稳定后再结合疾病致虚的情况进补。

## ➡ 冬季进补适用食物

糯米、胡桃肉、羊肉、狗肉、牛肉、鹿肉、虾、猪肾、鸽蛋、鹌鹑、鸡肉、黄鳝、海参、鱼鳔、黑豆、黑芝麻、黑米、羊肾、韭菜等。

## ➡ 冬季进补适用中药

冬虫夏草、黄狗肾、海马、旱莲草、人参、鹿茸、补骨脂、益智仁、杜仲、牛膝、山药、何首乌、苁蓉、巴戟天、枸杞、骨碎补等。

# 第二章

喝汤看天气　四季滋补汤

春天万物生发，欣欣向荣；

夏天气候炎热，生机旺盛；

秋天秋高气爽，天干物燥；

冬天天气寒冷，阴盛阳衰。

春季清淡养阴，夏季清淡饮食，

秋季润燥养肺，冬季忌食凉寒。

春季滋补汤

# 菠菜土豆牛骨汤

制作时间
210 分钟

难易度
★★

汤浓味鲜，肉香四溢。

## 用料

| 牛骨 | 500克 |
|------|-------|
| 土豆 | 200克 |
| 菠菜 | 100克 |
| 洋葱 | 25克 |
| 生姜 | 3片 |
| 料酒 | 1大勺 |
| 盐 | 2小勺 |
| 胡椒粉 | 1/2小勺 |
| 香油 | 1/2小勺 |
| 胡萝卜丁 | 1小勺 |

## Tips

　　菠菜营养极为丰富，因其维生素含量高，被誉为"维生素宝库"，患糖尿病、高血压、便秘者更宜食用。中医认为，食用菠菜可以通血脉，开胸膈，下气调中，止渴润燥。菠菜是一年四季各地都有的常见蔬菜，但以春季为佳。

## 做法

① 将牛骨砍成大块，洗净氽烫，再用清水漂净表面污沫。

② 菠菜择洗干净，氽烫后捞出过凉，挤干水分，切成约5厘米长的段。

③ 土豆洗净去皮，切厚片；洋葱剥皮，切丝。

④ 牛骨块放入砂锅内，倒入适量清水，加入料酒和姜片，将砂锅置于大火上煮沸，转微火煨3小时。

⑤ 加入土豆片和洋葱丝，续煨15分钟。

⑥ 放入菠菜段、胡萝卜丁，调入盐和胡椒粉略煮，淋香油即成。

## 要点提示

· 选用带肉多些的牛骨。

· 待牛骨上的肉煨烂后方可加入土豆片。

# 葱香土豆羹

入口黏糯，葱香咸鲜。

制作时间
25 分钟

难易度
★★

## 用料

| 土豆 | 200克 |
| --- | --- |
| 小葱 | 4根 |
| 盐 | 1小勺 |
| 白胡椒粉 | 1小勺 |
| 高汤 | 1/4杯 |
| 色拉油 | 1大勺 |
| 胡萝卜丁 | 1小勺 |

## 做法

① 土豆洗净，放入蒸锅蒸透，取出稍晾凉后剥皮，用刀压成泥。

② 小葱洗净，切成约1厘米长的小节。

③ 锅置火上，倒入色拉油烧热，放入土豆泥炒透，加入高汤和适量开水，以大火煮沸至黏稠。

④ 放入胡萝卜丁，调入盐和白胡椒粉，撒上小葱节即成。

## 要点提示

· 加入少许高汤可使味道更香，也可不加。

# 土豆牛肉羹

口感醇厚，咸香适口。

制作时间 30 分钟　难易度 ★★

## 用料

| | |
|---|---|
| 土豆 | 100克 |
| 牛肉 | 50克 |
| 鸡蛋 | 1个 |
| 油菜 | 1棵 |
| 水淀粉 | 2/3大勺 |
| 料酒 | 1小勺 |
| 盐 | 1小勺 |
| 香油 | 1/3小勺 |

## 做法

① 土豆洗净，去皮后切片。

② 油菜洗净切碎；鸡蛋打入碗内搅散；牛肉剁成末，放入碗内，加入水淀粉、料酒和香油拌匀。

③ 锅内倒入适量清水煮沸，放入土豆片煮软，捞出压成细泥。将土豆泥再放入锅内，再倒入牛肉末，搅匀，煮熟。

④ 加入盐调味，淋鸡蛋液，撒油菜碎，稍煮即成。

### 要点提示

· 切不可选用表皮发绿的土豆，否则味道发麻，影响口感。

· 应边搅边煮，避免煳锅底。

# 鸡肉酥汤

质感酥嫩，味道咸鲜。

制作时间 45分钟　难易度 ★★

## 用料

| 用料 | |
| --- | --- |
| 净鸡肉 | 200克 |
| 油菜心 | 6棵 |
| 葱花 | 5克 |
| 姜末 | 5克 |
| 鸡蛋 | 1个 |
| 葱姜水 | 1大勺 |
| 盐 | 1小勺 |
| 干淀粉 | 1小勺 |
| 酱油 | 1小勺 |
| 香油 | 1/3小勺 |
| 色拉油 | 2/3杯 |

## Tips

　　中医认为，鸡肉性平、温，味甘，入脾、胃经，有温中益气、活血强筋、健脾养胃、补虚填精的功效。春季用鸡肉进补可以提高免疫力、预防感冒。

## 做法

① 鸡蛋打入小碗中搅散。净鸡肉切成小指粗的条，放入大碗内，加入葱姜水、1/3小勺盐、鸡蛋液、干淀粉和1大勺色拉油拌匀。

② 油菜心分瓣洗净，沥干水分。

③ 锅内倒入剩余色拉油烧至五成热，放入鸡肉条炸熟，倒入漏勺内沥干油分。

④ 锅内留底油烧热，放入葱花和姜末炸香，加入适量开水，放入剩余盐和酱油调好味，放入炸好的鸡肉条，用小火炖酥。

⑤ 加入油菜心略煮，盛入汤碗内，淋香油即成。

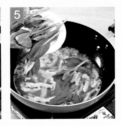

### 要点提示

· 鸡肉条挂浆不宜过厚。

· 炖制时不要用大火，否则会将鸡肉表皮炖至糊烂。

# 口蘑肥鸡汤

鸡肉软嫩，汤味鲜醇。

制作时间
140 分钟

难易度
★★

## 用料

| | |
|---|---|
| 肥嫩母鸡 | 1只 |
| 水发口蘑 | 100克 |
| 水发香菇 | 5朵 |
| 豌豆苗 | 25克 |
| 生姜 | 2片 |
| 料酒 | 1大勺 |
| 盐 | 1/2大勺 |
| 胡萝卜丁 | 1小勺 |

## 做法

① 将肥嫩母鸡宰杀好，入沸水中余烫，捞出，洗净血污。

② 将水发口蘑和香菇洗净泥沙，去根切片；豌豆苗择洗干净，捞出沥干水分。

③ 砂锅置火上，放入母鸡、口蘑片和香菇片，倒入适量凉水，加入料酒和姜片，大火煮沸后撇净浮沫，转小火炖2小时。

④ 加盐调味，撒豌豆苗、胡萝卜丁稍煮即成。

### 要点提示

· 母鸡一定要进行余烫处理，去净血污，确保汤鲜色靓。

· 鸡汤表面的浮油要撇净，否则食之腻口。

# 荠菜烩草菇

制作时间
20分钟

难易度
★★

色泽青绿，滑嫩润口。

## 用料

| | |
|---|---|
| 鲜草菇 | 150克 |
| 鲜荠菜 | 50克 |
| 生姜丝 | 3克 |
| 盐 | 1小勺 |
| 胡椒粉 | 1/3小勺 |
| 水淀粉 | 2大勺 |
| 香油 | 1/2小勺 |

## 做法

① 鲜荠菜择洗干净，放入沸水锅内氽透，捞出放入凉水中过凉，挤干水分，切成碎末。

② 鲜草菇清洗干净，切成小片，用沸水氽透，放入凉水中过凉，捞出沥干水分。

③ 锅置火上，倒入750毫升开水，下生姜丝和胡椒粉煮出味，加入草菇片和荠菜末，调入盐略煮。

④ 用水淀粉勾芡，淋香油，搅匀出锅，倒入汤盆内即成。

### 要点提示

· 做此汤宜选用光滑细腻的藕粉或绿豆淀粉做水淀粉。

19

# 口蘑汤泡肚

制作时间
20分钟

难易度
★★

肚尖脆嫩，汤汁鲜美，回味无穷。

## 用料

| | |
|---|---|
| 猪肚尖 | 200克 |
| 水发口蘑 | 150克 |
| 豌豆苗 | 30克 |
| 料酒 | 1大勺 |
| 盐 | 1小勺 |
| 胡椒粉 | 1/2小勺 |
| 清鸡汤 | 2杯 |

## Tips

口蘑也叫白蘑菇，野生口蘑的营养价值尤其高，是极受推崇的健康食品。口蘑中含有人体所必需的8种氨基酸，以及多种维生素等。

## 做法

① 将猪肚尖洗净，剔去油筋，外皮贴砧板，内壁朝上，平放在砧板上，划出鱼鳃形花刀，再切成约4厘米长、3厘米宽的小片。

② 水发口蘑洗净，去掉根蒂，切成片；豌豆苗择洗干净，捞出沥干水分。

③ 锅置火上，倒入清鸡汤煮沸，依次放入口蘑片、1/2小勺盐和胡椒粉，再放入豌豆苗，起锅盛入大汤碗内。

④ 将猪肚尖片用料酒和剩余盐抓匀，放入沸水中汆至九成熟。

⑤ 将猪肚尖捞出，盛入盘中，与口蘑清鸡汤一并上桌。

⑥ 将猪肚尖片倒入碗内，稍停1分钟即可食用。

## 要点提示

· 应选用色泽白净、肚壁较厚的新鲜猪肚。

· 制汤一定要与烫肚同时完成，这样才能保持汤的温度不降低，从而可将猪肚尖烫至恰好刚熟。猪肚尖切忌汆至全熟，否则口感会变老。

# 樱桃蚕豆羹

色泽碧绿，清香滑甜。

制作时间 30分钟　　难易度 ★★

## 用料

| | |
|---|---|
| 鲜蚕豆 | 200克 |
| 鲜樱桃 | 100克 |
| 冰糖 | 2大勺 |
| 水淀粉 | 1大勺 |
| 色拉油 | 2小勺 |

### Tips

　　樱桃一般在春末夏初的时候上市，这个时候的樱桃是最新鲜、最好吃的。常吃樱桃可补充体内所需元素，促进血红蛋白再生，既可防治缺铁性贫血，又可养颜驻容、除皱消斑，使皮肤嫩白中透着红润。

## 做法

① 将鲜蚕豆入锅煮烂，去外壳，用刀反复压制成泥。

② 鲜樱桃洗净去核；冰糖用开水化开。

③ 锅置火上，倒入色拉油烧热，下入蚕豆泥，用微火翻炒至起沙。

④ 放入樱桃，倒入冰糖水和适量开水，煮沸后续煮片刻。

⑤ 用水淀粉勾玻璃芡。

⑥ 出锅，装入汤盆内即成。

### 要点提示

· 炒蚕豆泥时不宜用大火，要边炒边转动锅，以免炒糊。

· 掌握好水淀粉的用量，以舀起汤汁能挂在勺壁上为佳。

夏季滋补汤

# 薏米冬瓜肉片汤

制作时间
60分钟

难易度
★★

祛湿解暑，咸香鲜美。

## 用料

| | |
|---|---|
| 冬瓜 | 250克 |
| 猪瘦肉 | 150克 |
| 薏米 | 50克 |
| 生姜 | 3片 |
| 陈皮 | 5克 |
| 料酒 | 1小勺 |
| 盐 | 1小勺 |
| 水淀粉 | 2小勺 |
| 色拉油 | 2小勺 |

Tips

夏天吃薏米是非常适宜的。薏米具有清热祛湿、美白养颜、预癌抗癌、健脾养胃等功效。

## 做法

① 冬瓜去皮去瓤，切成长方形的厚片。

② 薏米和陈皮用水洗净，浸泡。

③ 猪瘦肉洗净，切成薄片，加入水淀粉、料酒和色拉油拌匀，腌制10分钟。

④ 砂锅内倒入适量清水，放入姜片、陈皮和薏米，大火煮沸后改小火续煮半小时。

⑤ 加入冬瓜片和猪瘦肉片，煮软。

⑥ 调入盐，盛入碗内即成。

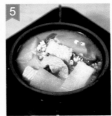

### 要点提示

· 猪瘦肉要顶刀切成厚薄均匀的片。顶刀切片就是指顶着肉的纹路切，这样才能把筋切断。

· 薏米质硬，应先将其煮烂后再放入其他用料煮制。

# 奶汤蒲菜

制作时间 35 分钟　　难易度 ★★

乳白清雅，口感脆嫩，汤鲜味美。

## 用料

| | |
|---|---|
| 嫩蒲菜 | 200克 |
| 清水笋尖 | 30克 |
| 水发香菇 | 30克 |
| 金华火腿 | 15克 |
| 葱花 | 1小勺 |
| 奶汤 | 3杯 |
| 葱油 | 2大勺 |
| 葱椒酒 | 1小勺 |
| 姜汁 | 1小勺 |
| 盐 | 1小勺 |

## Tips

　　葱油的制法：取大葱葱白切成大片，放入烧热的油锅内炸出香味，捞出葱白即成。葱椒酒的制法：将葱白和花椒剁成泥，用纱布包起来，放入料酒中浸泡2小时，取出纱布包即成。葱椒酒用量不宜太大，否则不但影响成菜的汤色，而且影响其清、鲜的口味。

## 做法

① 嫩蒲菜剥去老皮，取嫩心洗净，切成约3厘米长的段；清水笋尖对半切开，再切薄片。

② 水发香菇去蒂，斜刀切片；金华火腿放入蒸锅中蒸熟，切成菱形薄片。

③ 锅置火上，倒入适量清水煮沸，放入笋片和香菇片煮沸，加入嫩蒲菜段汆透，捞出沥干水分。

④ 锅中倒入葱油烧热，下葱花炸香，加入葱椒酒和姜汁，倒入奶汤煮沸，撇净浮沫，放入汆烫后的蒲菜段、香菇片和笋片。

⑤ 煮沸后加入盐调味，下火腿片略煮，盛入汤盆内即成。

### 要点提示

· 蒲菜本身无鲜味，必须用味厚而浓的奶汤来烹制。

· 蒲菜不要长时间加热，以免影响成菜口感。

# 大碗冬瓜

色泽红亮，咸香微辣。

制作时间
25 分钟

难易度
★★

## 用料

| | |
|---|---|
| 冬瓜 | 400克 |
| 五花肉 | 50克 |
| 小米辣椒 | 15克 |
| 蒜苗 | 1棵 |
| 姜末 | 1小勺 |
| 蒜末 | 1/2小勺 |
| 料酒 | 1小勺 |
| 老抽 | 1/2小勺 |
| 盐 | 1小勺 |
| 鲜汤 | 1/2杯 |
| 水淀粉 | 1小勺 |
| 色拉油 | 1大勺 |

Tips

　　冬瓜含钠量较低，对动脉硬化症、肝硬化、腹水、冠心病、高血压、肾炎、水肿膨胀等疾病有良好的辅助治疗作用。

## 做法

① 将冬瓜削皮去瓤，切成长约8厘米、宽3厘米、厚0.4厘米的长方片；五花肉剁成碎末。

② 小米辣椒去蒂，切小节；蒜苗择洗干净，斜刀切成节。

③ 锅内添水烧开，放入冬瓜片氽至断生，捞出沥干水分。

④ 锅置火上，倒入1小勺色拉油烧至六成热，放入五花肉末，边炒边加姜末、料酒和老抽，炒酥后盛出。

⑤ 锅重置火上，倒入剩余色拉油烧至六成热，下入蒜末和小米辣椒节炒香，再下入熟肉末和冬瓜片翻炒，倒入鲜汤，加入盐和老抽炖煮。

⑥ 待冬瓜烧至熟透且入味时，撒入蒜苗节，淋水淀粉，起锅装入大碗内即成。

## 要点提示

· 五花肉末要炒至酥香。老抽起调色作用，不宜多用。

# 什果汤圆羹

制作时间
20分钟

难易度
★★

色彩丰富，甜中透酸，润滑适口。

## 用料

| | |
|---|---|
| 西瓜瓤 | 150克 |
| 黄杏 | 3个 |
| 李子 | 2个 |
| 桑葚 | 10粒 |
| 小汤圆 | 100克 |
| 白糖 | 2大勺 |
| 水淀粉 | 2大勺 |

Tips

夏季多吃些水果对我们的身体健康很有益，既可以消暑，又可以保养皮肤，同时有减缓衰老、预防疾病、降低血压、减肥瘦身的功效。

## 做法

① 西瓜瓤去籽，用小勺挖成小圆球。

② 黄杏和李子洗净，去皮、核，切成小方丁。

③ 桑葚用水洗净，沥干水分。

④ 不锈钢锅置火上，倒入2杯清水煮沸，下入小汤圆煮熟。

⑤ 加入西瓜球、黄杏丁、李子丁和白糖煮沸，用水淀粉勾浓芡。

⑥ 加入桑葚稍煮，出锅后盛入汤盆内即成。

### 要点提示

· 也可将西瓜瓤切成小方丁。

· 根据个人口味，选用不同的水果并调整白糖的用量。

· 小汤圆不宜久煮，以免破碎露馅。

· 放入冰箱镇凉后食用，清凉爽口。

# 南瓜毛豆汤

三色相映，味道咸香。

制作时间 40分钟

难易度 ★★

## 用料

| 南瓜 | 200克 |
|---|---|
| 毛豆 | 75克 |
| 枸杞 | 30粒 |
| 小葱 | 1根 |
| 盐 | 1小勺 |
| 鲜汤 | 3杯 |
| 色拉油 | 2小勺 |
| 味精 | 1小勺 |

## Tips

南瓜内含有维生素和果胶，果胶有很好的吸附性，能黏结和消除体内细菌毒素和其他有害物质，如重金属中的铅、汞和放射性元素，起到解毒作用。

## 做法

① 南瓜洗净，去瓤，切排骨状厚片；小葱洗净，切粒。

② 毛豆剥取豆粒；枸杞用温水洗净，泡软。

③ 锅置火上，放入色拉油烧热，炸小葱粒，倒入毛豆和南瓜片炒一会儿。

④ 掺入鲜汤，以小火煮半小时。

⑤ 加盐和味精调味。

⑥ 撒入枸杞，稍煮即可。

## 要点提示

· 此汤最好选用老南瓜。

· 先用少量的色拉油炒去水分再煮汤，味道会更好。

# 卷心菜牛肉汤

制作时间 60分钟

难易度 ★★

汤色红亮，咸酸利口。

## 用料

| | |
|---|---|
| 鲜牛腩 | 250克 |
| 卷心菜 | 200克 |
| 番茄 | 2个 |
| 姜丝 | 1小勺 |
| 番茄汁 | 1大勺 |
| 料酒 | 2小勺 |
| 八角 | 2颗 |
| 盐 | 2小勺 |
| 白糖 | 1小勺 |
| 胡椒粉 | 1/3小勺 |
| 色拉油 | 2大勺 |

## 做法

① 将鲜牛腩垂直纹理切成大片，同凉水一起入锅，煮沸后撇净浮沫，捞出沥干水分。

② 卷心菜洗净，用手撕成不规则的块；番茄用沸水略氽，去皮后切块。

③ 锅置火上，倒入色拉油烧热，下入姜丝和八角爆香，投入牛腩片煸炒片刻。

④ 烹入料酒，加入白糖，倒入开水，盖上锅盖，用小火炖半小时。

⑤ 再加入番茄块和卷心菜，续炖10分钟。

⑥ 加盐和番茄汁煮5分钟，撒胡椒粉，搅匀即成。

## 要点提示

· 牛腩肥瘦相间，不能顺纹路切片，应垂直纹理切片。牛腩片同凉水一起入锅煮，以去除血水和腥味，否则成菜口味会大打折扣。

· 加入少许白糖，可以去除番茄的酸味。

· 加入番茄汁，可使成菜汤汁色泽红亮。

## 酸辣腐竹汤

味道酸辣，清淡利口，开胃下饭。

制作时间
20分钟

难易度
★★

### 用料

| 用料 | |
|---|---|
| 水发腐竹 | 200克 |
| 黄瓜 | 50克 |
| 鸡蛋饼 | 10克（半张） |
| 香菜 | 10克 |
| 葱白 | 10克 |
| 老陈醋 | 1小勺 |
| 胡椒粉 、盐 | 各1小勺 |
| 姜汁 | 1小勺 |
| 色拉油 | 2小勺 |
| 香油 | 1小勺 |

### 做法

① 水发腐竹斜刀切成马耳形，放入沸水锅内氽透，捞出，挤干水分。

② 黄瓜洗净，同鸡蛋饼分别切成象眼片；香菜切末；葱白切细丝。

③ 锅内倒入色拉油烧热，加入胡椒粉略炒，加入适量开水，随后放入腐竹和黄瓜片，旺火煮沸，加入盐、姜汁和老陈醋调成酸辣味，倒入汤盆内。

④ 撒上鸡蛋饼片、葱白丝和香菜末，淋香油即成。

# 蘸碟豆花

汤色奶白，豆花细嫩，回味悠长。

制作时间 20分钟　难易度 ★★

## 用料

| 嫩豆花 | 250克 |
|---|---|
| 鲜豆浆 | 200克 |
| 小葱 | 2根 |
| 盐 | 1小勺 |
| 酱油 | 1大勺 |
| 醋 | 2小勺 |
| 豆瓣酱 | 2克 |
| 油辣椒 | 2小勺 |
| 香油 | 1小勺 |
| 色拉油 | 2大勺 |

## Tips

　　豆花营养丰富，含有蛋白质等多种营养元素，人体对其营养的吸收率可达92%～98%。

## 做法

① 将嫩豆花切成约3厘米见方的块，放入沸水锅内氽透，捞出沥干水分。

② 小葱洗净，切葱花；豆瓣酱剁细。

③ 锅置火上，倒入鲜豆浆煮沸，放入嫩豆花略煮，加入1/2小勺盐调味，起锅盛入汤盆内。

④ 锅重置火上，倒入色拉油烧热，下入小葱花炸香，放入豆瓣酱炒出红油，倒入1大勺清水煮沸，放入油辣椒、酱油、剩余盐和醋调味。

⑤ 淋香油，盛入小碗内，制成香辣蘸碟。

⑥ 香辣蘸碟随嫩豆花上桌即成。

## 要点提示

· 鲜豆花氽烫后既能去除豆腥，又不易破碎。

· 香辣蘸碟调味时加入少许醋以中和辣味，用量以尝不出酸味为佳。

# 酸辣鸡丝汤

制作时间
20分钟

难易度
★★

鸡丝滑嫩，酸辣味鲜，佐饭佳肴。

## 用料

| | |
|---|---|
| 鸡肉 | 100克 |
| 水发木耳 | 50克 |
| 火腿肠 | 50克 |
| 蛋清 | 35克 |
| 姜丝 | 5克 |
| 香菜末 | 1小勺 |
| 干淀粉 | 2小勺 |
| 香醋 | 1大勺 |
| 盐 | 1小勺 |
| 胡椒粉 | 1小勺 |
| 香油 | 1/3小勺 |

Tips

切鸡丝的方法：在半冷冻的状态下较容易切丝，一定要顺着纹理切，否则炒菜时易断开。

## 做法

① 鸡肉切成细丝，加入蛋清和1小勺干淀粉拌匀上浆。

② 火腿肠和水发木耳分别切丝；取剩余干淀粉与1大勺清水调匀，制成水淀粉。

③ 锅置火上，加入清水、姜丝、胡椒粉和木耳丝，煮沸后分散下入鸡丝氽熟。

④ 加入盐和香醋调好酸辣味，用水淀粉勾玻璃芡。

⑤ 撒入火腿丝和香菜末，淋香油即成。

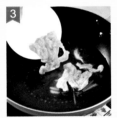

### 要点提示

· 鸡丝上浆时如太干，可加入少量清水。

· 香醋定酸味，切忌过早加入。

# 双豆鸡翅汤

汤清味鲜，质感香滑。

制作时间 40 分钟

难易度 ★★

## 用料

| | |
|---|---|
| 鸡翅 | 300克 |
| 黄豆 | 25克 |
| 青豆 | 25克 |
| 姜片 | 5克 |
| 葱节 | 5克 |
| 料酒 | 1大勺 |
| 盐 | 1小勺 |

## 做法

① 将鸡翅洗净，剁成小节，用热水烫洗一遍，沥干水分。

② 黄豆和青豆分别择洗干净，用清水泡发。

③ 锅内加入清水置火上煮沸，放入鸡翅节、黄豆、青豆、葱节、姜片和料酒。

④ 用旺火煮沸，撇去浮沫，改小火炖熟，加入盐调味，再略炖即成。

## 要点提示

· 黄豆和青豆要先用清水泡发后再炖，但不要将外皮除去。

# 粉条炖土鸡

鸡块香嫩，粉条滑软。

制作时间 40 分钟　难易度 ★★

## 用料

| 净土鸡 | 1只 |
|---|---|
| 干粉条 | 100克 |
| 葱段 | 10克 |
| 姜片 | 10克 |
| 香菜段 | 5克 |
| 料酒 | 1大勺 |
| 花椒、八角 | 各数粒 |
| 盐 | 1小勺 |

## 做法

① 将净土鸡剁成约2厘米见方的块，氽烫后放入高压锅（可用电压力锅），加入葱段、姜片、料酒、花椒、八角和盐，盖上锅盖，压30分钟至鸡肉软烂，关火。

② 干粉条切成约10厘米长的段，放入凉水中泡软；香菜洗净，切段。

③ 锅置火上，舀入炖鸡原汤，放入泡软的粉条炖至软糯。

④ 放入压好的鸡块略煮，撒香菜段，原锅上桌即成。

### 要点提示

· 要选用优质的红薯粉条，先用凉水泡软再炖制，口感才爽滑。

# 玉米炖鸡腿

味道清香，口感滑嫩。

制作时间 45分钟　难易度 ★★

## 用料

| | |
|---|---|
| 鸡腿 | 2个 |
| 嫩玉米棒 | 1根 |
| 水发香菇 | 100克 |
| 葱节 | 5克 |
| 姜片 | 5克 |
| 小葱 | 2根 |
| 枸杞 | 数粒 |
| 盐 | 1小勺 |
| 胡椒粉 | 1/2小勺 |
| 水淀粉 | 1大勺 |
| 色拉油 | 3大勺 |

## 做法

① 鸡腿剁成约2厘米见方的块，用清水洗去血污。

② 嫩玉米棒顶刀切成约1厘米厚的块；水发香菇去蒂，切块；小葱洗净，切碎。

③ 锅置火上，加入清水用旺火煮沸，放入嫩玉米棒块和香菇块汆透。

④ 放入鸡腿块汆透，将食材全部捞出，用清水漂洗，去净污沫。

⑤ 锅重置火上，倒入色拉油烧热，放入葱节、姜片炸香，再放入鸡腿块、香菇块和嫩玉米棒块炒透，加入适量清水，用小火炖20分钟。

⑥ 拣出葱、姜，用水淀粉勾芡，加入盐、胡椒粉和枸杞略炖。

⑦ 出锅盛在汤碗内，撒上小葱碎即成。

## 要点提示

· 鸡腿块、玉米棒块、香菇块均需用沸水汆透，去净污沫，以确保汤品的色泽鲜亮。

· 要掌握好水淀粉的用量，以成菜汤汁略有黏性为好。

# 川香土豆兔肉煲

制作时间
90分钟

难易度
★★

香辣可口，土豆绵软。

## 用料

| | |
|---|---|
| 带骨兔肉 | 500克 |
| 土豆 | 300克 |
| 红柿椒 | 50克 |
| 生姜 | 5片 |
| 大葱 | 3段 |
| 香菜段 | 1小勺 |
| 豆瓣酱 | 1大勺 |
| 香辣酱 | 1大勺 |
| 干辣椒节 | 2小勺 |
| 老抽 | 2小勺 |
| 盐 | 1/3小勺 |
| 花椒 | 1/3小勺 |
| 香油 | 1小勺 |
| 色拉油 | 3大勺 |

## 做法

① 带骨兔肉切成约2厘米宽的条，放入清水中浸泡数小时，换清水洗净。

② 兔肉条同凉水一起入锅，以大火煮沸，余烫5分钟，捞出，用温水冲净表面污沫。

③ 土豆去皮洗净，切成手指粗的条；豆瓣酱剁细；红柿椒洗净，切成手指宽的条。

④ 锅置火上，倒入色拉油烧至六成热，下入葱段、姜片、干辣椒节和花椒炒香，续下豆瓣酱和香辣酱炒出红油，再放入兔肉条煸干水汽，倒入3杯开水，加入老抽和盐调好味。用小火炖至软烂，倒入砂锅内，加入土豆条炖软。

⑤ 再加入红柿椒条和香油略炖，撒香菜段，原锅上桌即成。

## 要点提示

· 选用嫩兔肉为佳，腥味较小且易熟。

· 用炒香的辣红油与兔肉块一起炒透，之后加汤炖制，成菜味道最佳。

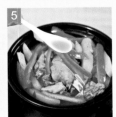

# 泰式土豆汤

制作时间
25分钟

难易度
★★

色泽淡黄，味香甜辣，奶味香浓。

## 用料

| | |
|---|---|
| 土豆 | 100克 |
| 胡萝卜 | 75克 |
| 长豆角 | 75克 |
| 洋葱 | 25克 |
| 椰奶 | 1/4杯 |
| 咖喱粉 | 1小勺 |
| 盐 | 3/5小勺 |
| 花椒 | 1/5小勺 |
| 色拉油 | 2大勺 |

Tips

　　椰奶营养丰富，是养生、美容的佳品。椰奶有很好的清凉消暑、生津止渴的功效，同时还有强心、利尿、驱虫、止呕止泻的作用。

## 做法

① 土豆和胡萝卜均洗净后去皮，切成薄片；洋葱切丝；长豆角放入沸水锅内汆透，捞出后放入凉水中过凉，捞出切段。

② 锅置火上，倒入色拉油烧热下花椒炸煳，捞出，放入洋葱丝、土豆片和胡萝卜片炒香，加入咖喱粉略炒。

③ 添入2杯开水，调入盐，放入长豆角段煮熟。

④ 再加入椰奶稍煮即成。

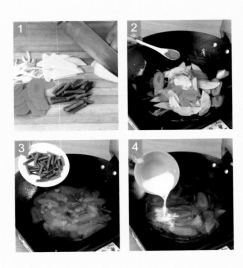

### 要点提示

· 椰奶和咖喱粉是此菜不可缺少的两种调料。

· 长豆角一定要煮熟，否则不利于人体健康。

· 椰奶应最后加入，若加入过早，会与咖喱的味道交融太过。如果喜欢奶味浓郁的汤品，可多加椰奶。

# 泰式姜味土豆汤

制作时间
40 分钟

难易度
★★

咸中回甜，姜味突出。

## 用料

| | |
|---|---|
| 土豆 | 200克 |
| 生姜 | 15克 |
| 椰浆 | 3大勺 |
| 盐 | 1小勺 |
| 白糖 | 1小勺 |
| 黄油 | 1大勺 |

## 做法

① 土豆洗净削皮，切成约1厘米见方的丁。

② 生姜洗净去皮，切成拇指大小的薄片。

③ 锅置火上，将黄油加热至融化，下入姜片爆香，放入土豆丁翻炒至边缘开始变焦，倒入清水没过用料。

④ 用中火煮至土豆丁变软，用铲子将土豆丁碾压成碎末。

⑤ 加入椰浆煮成浓汤，再加入盐和白糖调味即成。

Tips

　　古语云："冬吃萝卜，夏吃姜。"夏季湿气重，生姜可以化湿。夏季天气炎热，人们贪凉饮冷，容易外感于热，内伤于寒。生姜外可解表，内可温胃，非常适合夏季食用。但是生姜味辛性热，如果晚上服用，易引起失眠。

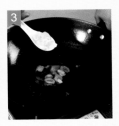

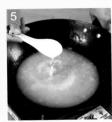

## 要点提示

· 如果喜欢吃姜，可将其切成碎末，成菜就会有浓郁的姜味。

· 如果喜欢细腻的口感，则将土豆压细一点；如果喜欢颗粒感，则不要将土豆压得太细。

# 酸汤绿豆丸

丸子软嫩，味酸利口。

制作时间 25分钟

难易度 ★★

## 用料

| | |
|---|---|
| 绿豆粉 | 200克 |
| 白萝卜 | 150克 |
| 黄豆芽 | 150克 |
| 紫菜 | 15克 |
| 香菜末 | 2小勺 |
| 虾皮 | 2小勺 |
| 姜丝 | 1小勺 |
| 葱花 | 1小勺 |
| 盐 | 3/2小勺 |
| 鲜汤 | 2杯 |
| 色拉油 | 1杯 |

## Tips

　　绿豆粉，是豆科植物绿豆的种子经水磨加工而得的淀粉。绿豆味甘，性凉，有清热、解毒、祛火之功效。

## 做法

① 白萝卜刮洗干净，切细丝；黄豆芽放入沸水中略氽，捞出，放入凉水过凉，漂净豆皮。

② 白萝卜和黄豆芽一起剁碎，挤干水分后放入盆内，加入绿豆粉、1小勺盐和少量清水搅匀成稠糊状。

③ 用手将稠糊挤成丸子，下入烧至五成热的色拉油锅内炸熟，捞出沥干油分。

④ 锅置火上，倒入鲜汤煮沸，加入剩余盐和姜丝调味，再放入丸子煮至入味。

⑤ 加入紫菜和虾皮续煮5分钟。

⑥ 起锅盛入碗内，撒上葱花和香菜末即成。

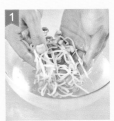

### 要点提示

· 绿豆粉用量不宜太多，否则成菜口感不松软。

# 枇杷百合汤

色泽淡雅，甜润适口。

制作时间 40分钟

难易度 ★★

## 用料

| 枇杷 | 10个 |
|---|---|
| 鲜百合 | 100克 |
| 川贝 | 2克 |
| 冰糖 | 1大勺 |
| 枸杞 | 数粒 |

## 做法

① 枇杷洗净，去皮、核。

② 鲜百合分瓣，洗净。

③ 川贝洗净，用温水泡软。

④ 锅置火上，倒入2杯清水煮沸，放入枇杷和川贝煮半小时。

⑤ 加入百合和冰糖。

⑥ 煮至冰糖溶化，撒入枸杞，盛入碗内即可。

### 要点提示

· 根据个人口味调整冰糖的用量。

# 酸辣银耳羹

汤滑爽脆，酸辣利口。

制作时间
40分钟

难易度
★★

## 用料

| | |
|---|---|
| 干银耳 | 30克 |
| 清水口蘑 | 50克 |
| 香菜 | 10克 |
| 姜末 | 2/3小勺 |
| 盐 | 1小勺 |
| 胡椒粉、香油 | 各1/2小勺 |
| 香醋、水淀粉、色拉油各1大勺 | |

## 做法

① 将干银耳用凉水充分泡发，除去硬心，撕成小朵，放入沸水中氽透，捞出沥干水分。

② 清水口蘑切成小薄片；香菜洗净，切成小段。

③ 锅置火上，倒入色拉油烧热，下入姜末炸香，再下入胡椒粉炒出辣味，倒入2杯沸水，放入银耳朵和口蘑片，以中火炖至银耳软烂，调入盐和香醋，用水淀粉勾玻璃芡。

④ 搅匀，起锅盛入汤盆内，淋香油，撒香菜段即成。

# 石榴银耳汤

制作时间
90分钟

难易度
★★

汤红诱人，甜而不腻。

## 用料

| | |
|---|---|
| 石榴 | 1个 |
| 干银耳 | 10克 |
| 莲子 | 30克 |
| 冰糖 | 1大勺 |
| 绿茶茶包 | 1个 |
| 枸杞 | 数粒 |

## Tips

银耳有补脾开胃、益气清肠、滋阴润肺的作用。既能增强人体免疫力，又可增强肿瘤患者对放、化疗的耐受力。银耳富含天然植物性胶质，长期服用可收到良好的润肤效果。

## 做法

① 石榴去皮、籽，放入料理机内搅拌成汁，滤出石榴汁。

② 干银耳用凉水泡发，择去黄色硬蒂，用手撕成小朵；莲子放入凉水中浸泡半小时，捞出沥干水分。

③ 将绿茶茶包放入汤锅内，倒入适量清水煮沸，续煮片刻后捞出茶包。

④ 放入银耳和莲子，煮沸后盖上锅盖，炖1小时至银耳软烂。

⑤ 加入石榴汁和冰糖。

⑥ 撒入枸杞，煮至冰糖溶化，盛出即成。

## 要点提示

· 可依个人口味调整冰糖用量。

· 绿茶茶包不宜久煮，煮出茶香味即可。

# 枸杞炖银耳

口感滑糯，味甜似蜜。

制作时间 80分钟　　难易度 ★

## 用料

| | |
|---|---|
| 水发银耳 | 200克 |
| 枸杞 | 25克 |
| 白糖 | 3大勺 |
| 冰糖 | 1大勺 |

## 做法

① 将枸杞洗净，用凉水泡透；水发银耳拣去杂质，洗净后撕成小朵，捞出沥干水分。

② 锅置火上，倒入适量清水煮沸，放入银耳朵和冰糖，用小火煨炖至软烂。

③ 再加入枸杞和白糖继续炖10分钟，出锅装汤盆即成。

### 要点提示

· 银耳根部的硬蒂要去净，否则口感不佳。

· 要用小火慢炖，以炖出银耳的胶质。

# 杂粮银耳汤

汤色素雅，甜香适口。

制作时间
90 分钟

难易度
★★

## 用料

| | |
|---|---|
| 嫩玉米粒 | 75克 |
| 薏米 | 25克 |
| 莲子 | 25克 |
| 银耳 | 25克 |
| 冰糖 | 1大勺 |
| 水淀粉 | 1大勺 |
| 枸杞 | 数粒 |

## 做法

① 银耳放入凉水中泡发，去蒂后撕成小片；将冰糖用料理机打成粉。

② 砂锅置火上，倒入适量清水煮沸，放入薏米、莲子和银耳。

③ 用小火炖半小时至汤汁有黏性，加入嫩玉米粒煮熟。

④ 加入冰糖粉煮化。

⑤ 用水淀粉勾玻璃芡，撒入枸杞，搅匀后续煮至煮沸，原锅上桌即成。

## 要点提示

· 炖制时间要够，使成菜口感软烂嫩滑。

· 水淀粉的用量不宜多。

# 冰糖银耳蛋羹

味道纯甜，滋润可口，清热祛燥。

制作时间 60 分钟

难易度 ★ ★

## 用料

| 用料 | |
| --- | --- |
| 鸡蛋 | 2个 |
| 银耳 | 200克 |
| 圣女果 | 5个 |
| 冰糖 | 2大勺 |
| 水淀粉 | 2大勺 |

## 做法

① 银耳用凉水泡发，去蒂，用手撕成小片；圣女果切成小丁；鸡蛋打入碗内，用筷子充分搅匀。

② 锅置火上，倒入适量清水，下入银耳煮至熟烂汁黏，加入冰糖煮化，再放入圣女果丁煮沸。

③ 用水淀粉勾玻璃芡。

④ 淋入鸡蛋液，煮沸，搅匀，起锅即成。

### 要点提示

· 银耳用大火煮沸后要改小火，炖至汤汁有黏性为好。

# 香菜鸡肉羹

入口润滑，味道咸鲜。

制作时间
15 分钟

难易度
★★

## 用料

| | |
|---|---|
| 熟鸡肉 | 150克 |
| 香菜 | 50克 |
| 生姜 | 5克 |
| 盐 | 1小勺 |
| 水淀粉 | 2大勺 |
| 香油 | 1/3小勺 |

## 做法

① 熟鸡肉用手撕成细丝。

② 生姜和香菜分别洗净，沥干水分，切成碎末。

③ 锅置火上，放入清水和姜末烧沸，下入鸡肉丝，加入盐调成咸鲜味，用水淀粉勾玻璃芡。

④ 撒香菜末，淋香油，推匀即成。

## 要点提示

· 勾入的水淀粉要适量，过多则汁过稠易结块；过少则汤汁太稀，达不到成菜的质量要求。

# 柚子炖鸡汤

制作时间 50分钟　难易度 ★★

鸡肉软烂，清香可口。

## 用料

| 净公鸡肉 | 200克 |
|---|---|
| 柚子 | 100克 |
| 生姜 | 5克 |
| 盐 | 1小勺 |
| 清汤 | 2杯 |
| 色拉油 | 1大勺 |
| 枸杞 | 数粒 |

Tips

　　柚子含有丰富的营养元素，其中包括许多身体所需的蛋白质和有机酸，它还含有多种维生素和钙、磷、镁、钠等身体所必需的微量元素。

## 做法

① 净公鸡肉晾干水分，剁成约2厘米见方的块；生姜切片。

② 柚子去皮、籽，剥成小瓣。

③ 锅置火上，倒入色拉油烧至六成热，下入姜片爆香，随即投入鸡块爆炒至吐油。

④ 倒入清汤煮沸，撇净浮沫。

⑤ 将鸡块连汤倒入瓦罐，盖上罐盖，小火慢炖至八成熟。

⑥ 撒入枸杞，放入柚子瓣，续炖至鸡肉软烂，调入盐即成。

### 要点提示

· 净公鸡肉表面的水分一定要晾干，否则炒制时易煳锅底。

· 柚子瓣不宜过早加入汤中，最好在鸡块快熟时加入，这样成菜的清香味才浓。

# 土豆鸭肉煲

制作时间 70分钟

难易度 ★★

鸭肉软烂，土豆酥绵，咸香可口。

## 用料

| 净肥鸭 | 500克 |
|---|---|
| 土豆 | 300克 |
| 生姜 | 5片 |
| 大蒜 | 5瓣 |
| 料酒 | 1大勺 |
| 酱油 | 2小勺 |
| 盐 | 1小勺 |
| 胡椒粉 | 1/3小勺 |
| 色拉油 | 1/2杯 |

## Tips

鸭肉味甘、咸，性微凉。鸭肉中含蛋白质、脂肪、钙、磷、铁，以及多种维生素，具有补阴益血、清虚热、利水等功效。

## 做法

① 净肥鸭剁成约2厘米见方的块，放入加有料酒的沸水锅内氽烫一下，捞出洗去污沫，沥干水分。

② 土豆洗净去皮，切成滚刀块，下入烧至六成热的色拉油锅内炸黄，捞出沥干油分。

③ 炒锅置火上，倒入2大勺色拉油烧热，下入姜片和蒜瓣炸香，放入鸭块炒透，倒入3杯开水，煮沸后撇去浮沫，用小火炖至鸭肉软烂。

④ 将炒锅内的用料连同汤水倒入砂锅内，加入土豆块，调入酱油、盐和胡椒粉。

⑤ 盖上锅盖焖15分钟即成。

## 要点提示

· 土豆先炸过，再与其他用料同焖，更易熟，口感也更酥绵。

· 用足量的热底油把鸭块炒透，再加汤炖至软烂，鸭肉味道才更香醇。

# 芙蓉豆腐

色泽靓丽，口感滑嫩，味道咸鲜。

制作时间 40分钟　难易度 ★★

## 用料

| | |
|---|---|
| 南豆腐 | 200克 |
| 鸡蛋 | 4个 |
| 虾仁 | 8个 |
| 青椒丁 | 10克 |
| 红椒丁 | 10克 |
| 葱花 | 2/3小勺 |
| 花生浆 | 1杯 |
| 盐 | 1小勺 |
| 胡椒粉 | 1/3小勺 |
| 水淀粉 | 1大勺 |
| 香油 | 1小勺 |
| 鲜汤 | 1/2杯 |

## Tips

　　南豆腐又称石膏豆腐，色泽洁白，质地细腻、软嫩，富含蛋白质，营养价值高。

## 做法

① 虾仁用刀从背部片开，挑去肠线洗净，投入沸水锅内汆熟。

② 南豆腐切成约1厘米厚、2厘米见方的片，放入蒸锅中蒸熟后取出。

③ 鸡蛋打入碗内搅散，加入花生浆、2/3小勺盐和胡椒粉搅打均匀，放入蒸锅中，用小火蒸15分钟至熟透。

④ 取出，摆上蒸熟的南豆腐片。

⑤ 锅内倒入鲜汤煮沸，放入虾仁和青椒、红椒丁稍煮，加入剩余盐调味，用水淀粉勾薄芡。

⑥ 淋香油，起锅浇在蒸蛋和豆腐片上，最后撒葱花即成。

## 要点提示

· 可按个人口味用牛奶代替花生浆。

· 蒸制时应用小火，时间不宜过长。

# 金蒜臭豆腐煲

滚烫香辣，软嫩脆爽。

制作时间
15 分钟

难易度
★★

## 用料

| | |
|---|---|
| 臭豆腐 | 300克 |
| 黄豆芽 | 150克 |
| 大蒜 | 50克 |
| 小葱 | 5克 |
| 干辣椒 | 5克 |
| 盐 | 1小勺 |
| 老抽 | 1小勺 |
| 辣椒油 | 1小勺 |
| 色拉油 | 3大勺 |

## 做法

① 将臭豆腐用温水洗一遍，切成约0.5厘米厚的片，再用温水洗一遍，沥干水分。

② 黄豆芽氽烫后沥干水分；干辣椒切短节；大蒜剁成碎末；小葱切葱花。

③ 锅置火上，倒入色拉油烧至五成热，下蒜末和干辣椒节炒至金黄、出香味，掺入适量开水，加入老抽、盐和辣椒油，煮沸后放入黄豆芽煮至断生。

④ 放入臭豆腐片续煮3分钟，撒葱花即成。

# 酸辣鸡蛋汤

汤滑爽脆，酸辣利口。

## 用料

| | |
|---|---|
| 鸡蛋 | 1个 |
| 白豆腐干 | 1片 |
| 水发木耳 | 25克 |
| 嫩菠菜 | 1根 |
| 葱丝 | 1小勺 |
| 姜丝 | 2/3小勺 |
| 盐 | 2/3小勺 |
| 胡椒粉、香油 | 各1/2小勺 |
| 水淀粉、醋 | 各1大勺 |
| 鲜汤 | 2杯 |

## 做法

① 白豆腐干片成薄片，切成细丝；水发木耳择洗干净，切成丝；嫩菠菜洗净，切成段。

② 鸡蛋打入碗内，用筷子充分搅匀。

③ 锅置旺火上，放入鲜汤和姜丝，略滚片刻，放入白豆腐干丝、木耳丝和嫩菠菜段煮一会儿，加入盐、醋和胡椒粉调好酸辣味。

④ 用水淀粉勾芡，淋入鸡蛋液搅匀，撒葱丝，淋香油即成。

# 排骨莲藕汤

口感多样，鲜香醇美，诱人食欲。

制作时间 60 分钟　　难易度 ★★

## 用料

| | |
|---|---|
| 排骨 | 450克 |
| 嫩藕 | 300克 |
| 香菜段 | 10克 |
| 生姜 | 5片 |
| 料酒 | 1大勺 |
| 盐 | 1小勺 |
| 胡椒粉 | 1/2小勺 |

## 做法

① 排骨洗净，剔去筋膜，剁成小块。

② 锅内加入清水煮沸，放入排骨余烫，捞出。

③ 嫩藕洗净去皮，切成滚刀块。

④ 排骨和姜片放入砂锅内，加入适量清水，以小火炖至八成熟。

⑤ 加入藕块、料酒和盐，炖至熟透入味，调入胡椒粉。

⑥ 撒香菜段即成。

## Tips

　　藕性偏寒凉，产妇不宜过多食用。生吃清脆爽口，但碍脾胃，脾胃功能低下、大便溏泄者不宜生吃。

### 要点提示

· 莲藕分为红花藕、白花藕和麻花藕三种，其中红花藕形瘦长，外皮褐黄色、粗糙，淀粉含量多，糯而不脆嫩，最适合煲汤。

· 炖此汤时不宜用铁锅，否则汤色会变黑。

# 锅仔泥鳅片

制作时间
40分钟

难易度
★★

*汤汁红亮，味道香辣，滚烫炙热。*

## 用料

| | |
|---|---|
| 泥鳅 | 250克 |
| 黄豆芽 | 100克 |
| 莴苣 | 150克 |
| 清水滑子菇 | 100克 |
| 香菜段 | 10克 |
| 姜末 | 1小勺 |
| 蒜末 | 1小勺 |
| 豆瓣酱 | 1大勺 |
| 剁椒酱 | 1大勺 |
| 料酒 | 2小勺 |
| 干淀粉 | 2小勺 |
| 酱油 | 2小勺 |
| 盐 | 1小勺 |
| 色拉油 | 3大勺 |

## 要点提示

· 活泥鳅应事先放在加有盐和
油的清水中饿养一两天，让
其吐净污物，去除土腥味后
再行处理。

· 泥鳅片煮制时间不宜过长，
煮熟即可。

## 做法

① 将泥鳅去骨，切成厚片，放入小盆内，加入料酒、1/3 小勺盐和干淀粉拌匀，腌制10分钟。

② 豆瓣酱剁细；莴苣去皮，切成约5厘米长、筷子粗的条。

③ 黄豆芽和清水滑子菇放入沸水中汆透。

④ 锅置火上，倒入色拉油烧热，下入姜末和蒜末炸香，下豆瓣酱和剁椒酱炒出红油，放入莴苣条、黄豆芽和清水滑子菇略炒。

⑤ 倒入适量开水煮至断生，捞入锅仔内垫底。

⑥ 将泥鳅片下入锅内煮熟，加入酱油和剩余盐调好味。

⑦ 起锅倒入锅仔内，撒香菜段。

⑧ 将锅仔置于点燃的酒精炉上，上桌即成。

冬季滋补汤

# 意式奶油土豆汤

制作时间 15分钟　难易度 ★★

味道咸香，奶味浓郁。

## 用料

| | |
|---|---|
| 土豆 | 200克 |
| 淡奶油 | 1/2杯 |
| 芦笋 | 100克 |
| 洋葱 | 50克 |
| 黄油 | 2大勺 |
| 盐 | 2小勺 |
| 黑胡椒碎 | 1小勺 |
| 香叶 | 2片 |
| 高汤 | 3杯 |

## Tips

淡奶油一般指可以打发的动物奶油，脂肪含量在30%~36%，除可以做汤外，还可以加糖打发成固体状，制成蛋糕上装饰奶油。动物淡奶油较之植物奶油更健康。

## 做法

① 土豆洗净去皮，切成小块。

② 芦笋去根，取茎部，削去老皮，切成小节；洋葱切丝。

③ 锅置火上，将黄油加热至融化，放入洋葱丝和芦笋节，小火炒至吃足油分，加入高汤和香叶。

④ 大火煮沸后放入土豆块，小火煮至土豆块熟透，拣出香叶。

⑤ 将煮好的汤汁和用料晾凉，一同倒入料理机内，搅打成土豆汤汁。

⑥ 重倒入锅内加热，调入淡奶油和盐，撒黑胡椒碎即成。

## 要点提示

· 将香叶撕开，煮制时香味才易挥发出来。

· 如果想保留土豆的颗粒感，可少搅打一会儿。

# 法式土豆火腿浓汤

制作时间
25 分钟

难易度
★ ★

火腿咸香，汤浓味足。

## 用料

| | |
|---|---|
| 土豆 | 150克 |
| 卷心菜 | 100克 |
| 洋葱 | 75克 |
| 火腿 | 50克 |
| 香菜 | 10克 |
| 盐 | 1小勺 |
| 胡椒粉 | 1/3小勺 |

Tips

火腿性温，味甘、咸，具有健脾开胃、生津益血、滋肾填精、益寿延年之功效。

## 做法

① 土豆洗净去皮切丁。

② 卷心菜洗净，切丝；洋葱洗净，切丁；火腿切小粒；香菜洗净，切成末。

③ 锅置火上，倒入2杯水煮沸，放入土豆丁、卷心菜丝和洋葱丁煮熟。

④ 将煮熟的用料连汤倒入料理机内搅打均匀。

⑤ 倒回锅内，加入火腿粒稍煮，调入盐和胡椒粉，撒香菜末即成。

## 要点提示

· 做此汤时，最好选用面土豆。

· 煮蔬菜时水最好少放一些，刚没过用料即可。

# 韩式泡菜土豆汤

制作时间
40分钟

难易度
★★

汤色红亮，辣味香浓，激发食欲。

## 用料

| | |
|---|---|
| 土豆 | 200克 |
| 韩式辣白菜 | 100克 |
| 五花肉 | 50克 |
| 洋葱 | 1/4个 |
| 小葱 | 3根 |
| 韩国辣椒酱 | 1大勺 |
| 小米椒 | 1根 |
| 盐 | 1/3小勺 |
| 酱油 | 1小勺 |
| 色拉油 | 2/3大勺 |

Tips

韩式辣白菜是一种发酵食品，用鱼露、辣椒、蒜等作料配制而成。韩式辣白菜不但味美、爽口，而且具有丰富的营养。

## 做法

① 土豆洗净去皮，切成滚刀小块，放入清水中浸泡。

② 洋葱切三角块，五花肉切薄片，韩式辣白菜切碎。小米椒洗净，去蒂切段；小葱洗净，去根切段。

③ 锅内倒入色拉油烧热，放入五花肉片煎至出油且两面金黄。

④ 加入土豆块、洋葱块、小米椒和葱白段炒香，再加入韩式辣白菜炒至出香。

⑤ 倒入3杯清水，调入韩国辣椒酱、盐和酱油。

⑥ 以中火煮至土豆变软入味，起锅时加入葱叶段即成。

### 要点提示

· 五花肉先煎后炒，吃起来更香。

· 酱油有咸味，要注意控制好盐的用量。

# 韩式土豆酱汤

制作时间
80 分钟

难易度
★★

土豆酥烂，汤味鲜辣，香味浓郁。

## 用料

| | |
|---|---|
| 土豆 | 400克 |
| 猪脊骨 | 400克 |
| 白菜帮 | 100克 |
| 大蒜 | 6瓣 |
| 大葱 | 2根 |
| 生姜 | 3片 |
| 韩国辣椒酱 | 2大勺 |
| 韩国烧酒 | 1大勺 |
| 酱油 | 1大勺 |
| 料酒 | 1大勺 |
| 芝麻粉 | 1小勺 |
| 辣椒粉 | 1小勺 |
| 盐 | 1小勺 |

## 要点提示

· 土豆酱汤一定要用猪脊骨来
  做，汤的味道才浓。

· 这道汤中如果加入苏子叶，
  味道会更加正宗。

## 做法

① 猪脊骨洗净，剁成大块，放入沸水中氽烫。

② 土豆去皮，切成块；白菜帮洗净，切片；大葱切段；
   大蒜取一半拍松，剩余大蒜切末；将土豆和白菜片分
   别放入沸水中氽烫一下。

③ 锅内添入5杯清水，放入姜片和拍松的蒜瓣，加入猪
   脊骨和料酒煮30分钟。

④ 捞出蒜瓣和姜片，倒入土豆块和白菜片煮20分钟。

⑤ 加入葱段、韩国烧酒、韩国辣椒酱、辣椒粉、蒜末、
   芝麻粉、酱油和盐，续煮10分钟即成。

# 参鸡汤

清爽鲜美，鸡肉香嫩，滋补营养。

制作时间 75分钟　难易度 ★★

## 用料

| | |
|---|---|
| 童子鸡 | 1只 |
| 糯米 | 150克 |
| 大蒜 | 10瓣 |
| 生姜 | 2片 |
| 红枣 | 6个 |
| 板栗 | 6粒 |
| 鲜人参 | 2根 |
| 盐 | 2小勺 |
| 胡椒粉 | 1小勺 |

## 要点提示

· 最好选用土鸡，以1000克左右的童子鸡最为合适。没有童子鸡时可选用小只的普通鸡代替。

· 要选用粒小、无核的红枣。

· 待参鸡汤上桌后再用盐和胡椒粉调味。

## 做法

① 将童子鸡宰杀褪毛，从尾部横切一小口掏出内脏，洗净血污，擦干水。

② 用刀剁去鸡爪和鸡翅尖。

③ 糯米洗净，放入温水中浸泡2小时，捞出沥干水分；鲜人参洗净，切去顶部；大蒜、红枣和板栗分别洗净。

④ 将糯米装入鸡腹内。

⑤ 将鸡腿交叉穿进鸡的肚皮，鸡腹朝上、鸡背朝下装入砂锅内。

⑥ 加入板栗、红枣、姜片、大蒜和人参，加入清水没过鸡身。

⑦ 用大火煮沸，转小火炖50分钟至熟烂，最后加入盐和胡椒粉调味即成。

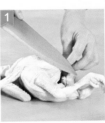

# 萝卜丝鸡蛋汤

清鲜咸香，润滑爽口。

制作时间
15 分钟

难易度
★★

## 用料

| | |
|---|---|
| 鸡蛋 | 2个 |
| 白萝卜 | 200克 |
| 香菜末、干淀粉 | 各2小勺 |
| 水淀粉、盐、姜丝 | 各1小勺 |
| 白胡椒粉 | 1/3小勺 |
| 香油 | 1/2小勺 |
| 胡萝卜丝 | 50克 |

## 做法

① 白萝卜刨皮洗净，切成细丝，加入干淀粉拌匀。

② 鸡蛋打入碗内，加入水淀粉搅匀。

③ 锅置火上，倒入2杯清水，放入白萝卜丝和姜丝，中火煮5分钟，撇去浮沫。

④ 加入盐和白胡椒粉调味，淋入鸡蛋液和香油，撒香菜末、胡萝卜丝，搅匀即成。

## 要点提示

· 淋入鸡蛋液后不要马上搅，应待蛋花定形后再搅匀。

# 蘑菇玉米土豆汤

汤滑爽脆，酸辣利口。

制作时间
40分钟

难易度
★★

## 用料

| | |
|---|---|
| 土豆 | 150克 |
| 玉米粒 | 50克 |
| 蘑菇 | 50克 |
| 芹菜 | 25克 |
| 盐 | 2小勺 |
| 香油 | 1/3小勺 |
| 鲜汤 | 3杯 |

## 做法

① 蘑菇放入沸水中氽透，切丁；芹菜切粒。

② 土豆去皮洗净，切成片，放入蒸锅中蒸熟后，取出，放入料理机内，再加入1杯鲜汤，打成糊后盛出。

③ 锅置火上，加入剩余鲜汤煮沸，放入蘑菇丁和玉米粒煮熟。

④ 倒入土豆糊和芹菜粒煮匀，加入盐调味，淋香油即成。

# 罗宋汤

制作时间
40分钟

难易度
★★★

酸中带甜，甜中飘香，香而不腻，鲜滑爽口。

## 用料

| 牛肉 | 100克 |
| --- | --- |
| 土豆 | 150克 |
| 卷心菜 | 100克 |
| 番茄 | 100克 |
| 洋葱 | 50克 |
| 面粉 | 1大勺 |
| 番茄酱 | 1大勺 |
| 白糖 | 2小勺 |
| 盐 | 1小勺 |
| 黄油 | 1大勺 |

## 要点提示

· 如果觉得番茄酱酸味过重，可将番茄切碎炒出汁代替。

· 洋葱、土豆丁、卷心菜丁、番茄丁、番茄酱分别用黄油炒制后再煮汤，味道更香浓。一定要用黄油，成菜味道才香。

· 加入炒面粉，如同中餐的勾芡，能起到让汤汁浓稠的作用。

## 做法

① 牛肉切成约1.5厘米见方的丁。

② 土豆洗净去皮，同卷心菜和番茄分别切成滚刀小丁；洋葱去皮切碎。

③ 锅置火上，倒入4杯水，放入牛肉丁，以小火煮熟。

④ 锅内放入1小勺黄油加热至化开，下入洋葱碎炒香，续下土豆丁和卷心菜丁炒软，倒入牛肉汤锅内。

⑤ 锅内再放入1小勺黄油加热至化开，放入番茄丁和番茄酱炒透，倒入牛肉汤锅内。

⑥ 剩余黄油放入炒锅内加热至化开，加入面粉炒至变黄出香味，倒入牛肉汤锅内。

⑦ 待牛肉汤锅中用料全部煮软，加入白糖和盐调味即成。

# 五香腊肉土豆煲

制作时间 50 分钟　　难易度 ★★

腊香浓郁，咸鲜微辣。

## 用料

| | |
|---|---|
| 土豆 | 400克 |
| 腊肉 | 150克 |
| 生姜 | 3片 |
| 大葱 | 2段 |
| 蒜片 | 1小勺 |
| 老抽 | 1大勺 |
| 辣椒油 | 1小勺 |
| 盐 | 1/2小勺 |
| 五香粉 | 1/5小勺 |
| 色拉油 | 1/2杯 |

## Tips

　　腊肉是选用新鲜的带皮五花肉，分割成块，再经腌制、风干或熏制而成。腊肉具有开胃祛寒、消食等功效。一般人均可食用，老年人忌食。

## 做法

① 土豆洗净去皮，切成滚刀块，投入烧至六成热的色拉油锅内炸至上色，捞出沥干油分。

② 腊肉切成片，放入沸水锅内汆烫一下，捞出沥干水分。

③ 炒锅置火上，倒入1大勺色拉油烧热，放入姜片、葱段和蒜片炸香，放入五香粉略炒，倒入3杯开水，放入土豆块和腊肉片，调入盐和老抽。

④ 将炒锅内的用料连同汤水倒入砂锅内，盖上锅盖，以小火炖至熟透入味。

⑤ 在砂锅内淋上辣椒油即成。

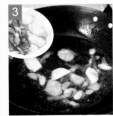

## 要点提示

· 腊肉应用沸水汆烫一下，以去除部分咸味，也更容易炒出香味。

· 炖制时间以土豆入味为度。

· 如果不能吃辣，可将辣椒油换为香油。

# 土豆肥肠煲

制作时间 40分钟

难易度 ★★

咸香软烂，滚烫麻辣。

## 用料

| 用料 | 用量 |
|------|------|
| 土豆 | 200克 |
| 白卤肥肠 | 100克 |
| 香菜段 | 5克 |
| 葱花 | 2小勺 |
| 姜末 | 2小勺 |
| 蒜末 | 2小勺 |
| 干辣椒节 | 2小勺 |
| 酱油 | 1小勺 |
| 白糖 | 1小勺 |
| 盐 | 1小勺 |
| 胡椒粉 | 1小勺 |
| 花椒 | 2小勺 |
| 鲜汤 | 1杯 |
| 色拉油 | 2大勺 |

## 做法

① 将土豆洗净去皮，切成手指粗的条，放入锅内煮至五成熟，捞出放入砂锅内垫底。

② 白卤肥肠切成小段。

③ 炒锅内倒入1大勺色拉油烧热，下入姜末和蒜末炒香，放入肥肠段略炒，掺鲜汤，调入盐、胡椒粉、白糖和酱油。

④ 炖至软烂入味，起锅倒在土豆条上，盖上砂锅盖，将砂锅置中火上煮沸，续煮3分钟后离火。

⑤ 炒锅重上火位，倒入剩余色拉油烧热，下入干辣椒节和花椒炸香，浇在砂锅内。

⑥ 撒上葱花和香菜段即成。

## 要点提示

· 白卤肥肠可以用沸水汆烫一下，以去除内部油污，并减少油腻感。

· 煲好后，再浇上用热油炸香的干辣椒节和花椒，这样汤汁才能有滚烫麻辣的效果。

# 葱香土豆羊肉煲

制作时间 95分钟

难易度 ★★

香鲜可口，酥嫩入味。

## 用料

| | |
|---|---|
| 羊腿肉 | 200克 |
| 土豆 | 100克 |
| 葱白段 | 50克 |
| 生姜 | 1/4个 |
| 香菜段 | 5克 |
| 料酒 | 1大勺 |
| 酱油 | 1小勺 |
| 盐 | 1小勺 |
| 孜然粉 | 1小勺 |
| 茴香粉 | 1小勺 |
| 香油 | 1小勺 |
| 色拉油 | 2杯 |
| 胡萝卜丁 | 1小勺 |

## Tips

羊肉味甘、性温，入脾、胃、肾、心经，温补脾胃，可用于辅助治疗脾胃虚寒所致的反胃、身体瘦弱、畏寒等症。

## 做法

① 羊腿肉切成小方块，同凉水一起入锅，煮沸后续煮3分钟，捞出洗去污沫，沥干水分。

② 土豆洗净后去皮，切成滚刀块，下入烧至六成热的色拉油锅内炸黄，捞出沥干油分。

③ 炒锅置火上，倒入2大勺色拉油烧热，下入姜片炸香，放入羊肉块煸干水汽，烹入料酒，倒入4杯开水，放入酱油、盐、孜然粉和茴香粉调好味。

④ 将炒锅内的用料连同汤水倒入高压锅（可用电压力锅）内，压20分钟至软烂，关火。

⑤ 炒锅重置火上，倒入剩余色拉油烧至七成热，放入葱白段炸至上色，捞出沥干后放入砂锅中。砂锅内再放入土豆块、羊肉和汤汁。

⑥ 淋香油，撒香菜段、胡萝卜丁，盖上锅盖，再烧5分钟即成。

## 要点提示

· 羊肉炖制前必须用足量的热油煸干水汽。

· 葱白段炸后再炖，不但葱香味浓，而且口感软嫩。

# 奶油猴头菇

白绿相间，清淡爽口，奶香浓郁。

## 用料

| | |
|---|---|
| 水发猴头菇 | 200克 |
| 嫩青菜心 | 50克 |
| 鲜牛奶 | 1/3杯 |
| 盐 | 2/3小勺 |
| 淀粉 | 1大勺 |
| 粉 | 1大勺 |
| 油 | 2大勺 |

## Tips

"山中猴头，海味燕窝"，猴头菇与鱼翅、熊掌、燕窝并誉为四大名菜。猴头菇味甘、性平，具有补脾益气、助消化的功效。

## 做法

① 将水发猴头菇挤干水分，用坡刀切成厚片，加入1/3小勺盐和干淀粉拌匀。

② 嫩青菜心洗净，对半切开。

③ 锅置旺火上，倒入1杯清水和1小勺色拉油，煮沸后逐片下入猴头菇氽透，捞出沥干水分。

④ 锅置火上，倒入剩余色拉油烧热，下入嫩青菜心炒至变色，倒入鲜牛奶。

⑤ 加入剩余盐调好味，放入猴头菇片，略烧至入味，用水淀粉勾芡，推匀装盘即成。

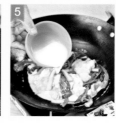

### 要点提示

· 氽烫时必须用旺火沸水，否则猴头菇片表面粉浆会脱入水中。

· 锅一定要洁净，以保证成菜色泽洁白。

# 俄罗斯酸菜口蘑汤

制作时间
50 分钟

难易度
★ ★

酸香味美，十分爽口。

## 用料

| | |
|---|---|
| 俄罗斯酸白菜 | 250克 |
| 口蘑 | 75克 |
| 胡萝卜 | 50克 |
| 洋葱 | 25克 |
| 酸奶油 | 3大勺 |
| 番茄酱 | 2大勺 |
| 茴香末 | 1小勺 |
| 香叶 | 2片 |
| 胡椒 | 4粒 |
| 盐 | 1小勺 |
| 黄油 | 3大勺 |

## 要点提示

· 口蘑鲜美，能增加汤的鲜味。
· 要将俄罗斯酸白菜的味道充分煮出来，成菜味道才好。

## 做法

① 口蘑洗净，入锅中，加水煮熟，捞出沥干水分，切成片。

② 俄罗斯酸白菜切成末；胡萝卜洗净，切小片；洋葱去皮，切片。

③ 锅内放入黄油，烧热后放入洋葱片、番茄酱和香叶炒香。

④ 倒入适量开水，加入胡椒、酸白菜末和胡萝卜片。

⑤ 以小火煮出味，再放入口蘑片煮沸。

⑥ 加入盐和酸奶油调味，撒茴香末即成。

# 菌汤排骨火锅

制作时间 140 分钟

难易度 ★ ★ ★

菌香四溢，味道鲜香。

## 用料

| 用料 | 用量 |
| --- | --- |
| 压熟的猪排骨段 | 500克 |
| 鲜杏鲍菇片 | 250克 |
| 鲜鸡腿菇 | 250克 |
| 藕片 | 250克 |
| 干香菇 | 60克 |
| 干杏鲍菇 | 40克 |
| 干白灵菇 | 30克 |
| 干茶树菇 | 25克 |
| 干牛肝菌 | 20克 |
| 干猴头菇 | 20克 |
| 干松乳菇 | 10克 |
| 姜片 | 15克 |
| 葱节 | 15克 |
| 枸杞 | 10克 |
| 大枣 | 10克 |
| 压猪排骨的鲜汤 | 2杯 |
| 压猪排骨的油脂 | 2大勺 |
| 香辣酱 | 2大勺 |
| 盐 | 1小勺 |

## 做法

① 将各种干菌菇用温水洗净表面，晾干后一起放入料理机内，打成粗粒。

② 用纱布包好菌菇粒，放入盛有5升清水的不锈钢桶中。

③ 桶置大火上，煮沸后转小火，熬2小时至香味飘出，制成菌汤。

④ 取一火锅，放入姜片、压熟的猪排骨段、鲜杏鲍菇片、鲜鸡腿菇和藕片，倒入压猪排骨的鲜汤和菌汤，再加入压猪排骨的油脂，调入盐，撒入葱节、枸杞和大枣。

⑤ 盖上锅盖，点火煮沸，随香辣酱上桌蘸食即成。

## 要点提示

· 熬菌汤时只需放入清水，不宜添加调料，以保证菌汤的味道纯正。

· 菌汤是全素的，故调制时要添加压猪排骨的鲜汤和油脂，以突出复合的鲜香味。但是猪排骨鲜汤和油脂用量不宜过多。

· 长时间涮烫会使菌类香味变淡，最好再次添加菌汤。

# 泰国酸辣排骨汤

制作时间 75 分钟　难易度 ★★★

五彩艳丽，排骨肉嫩，酸辣味足。

## 用料

| | |
|---|---|
| 猪排骨 | 500克 |
| 小蘑菇 | 150克 |
| 红葱头 | 5个 |
| 圣女果 | 6个 |
| 鲜香茅 | 2根 |
| 西洋香菜 | 1棵 |
| 鱼露 | 2/3大勺 |
| 鲜柠檬汁 | 1/2大勺 |
| 盐 | 1小勺 |
| 酸角汁 | 1小勺 |
| 椰棕糖 | 1/2小勺 |
| 青朝天椒 | 5根 |
| 干朝天椒 | 4根 |
| 菩提叶 | 5片 |

### 要点提示

· 一定要待清水煮沸后再放入排骨炖汤。若凉水就下排骨，不仅吃起来有腥味，而且汤汁也浑浊。

· 调味应在碗内进行。若在锅内加热时进行调味，成菜味道欠佳。

## 做法

① 猪排骨漂洗净血水，剁成约3厘米长的段，放入沸水氽烫，捞出。

② 红葱头剥皮，用刀拍裂；鲜香茅洗净，取根部切段，也用刀稍拍。

③ 圣女果洗净，对半切开；小蘑菇洗净，把表面的黑色部分用小刀削去，个大的要对半切开；西洋香菜洗净，切段；菩提叶洗净，沥干。

④ 干朝天椒放入热干锅内，炒至焦脆呈虎皮色，取出。

⑤ 砂锅置火上，加入清水煮沸，放入排骨段，用小火炖半小时，加入红葱头、鲜香茅、圣女果、青朝天椒、菩提叶和小蘑菇，用中火炖至食材软嫩出味时熄火。

⑥ 将炖好的排骨盛入大碗内，加入鲜柠檬汁、鱼露、椰棕糖、盐和酸角汁调味。

⑦ 加入西洋香菜和炒脆的干朝天椒即成。

# 麻辣排骨烩菜

制作时间 45分钟　难易度 ★★

色泽鲜亮，咸香微辣。

## 用料

| | |
|---|---|
| 猪排骨 | 400克 |
| 冻豆腐 | 200克 |
| 白菜叶 | 200克 |
| 宽粉 | 50克 |
| 葱段 | 5克 |
| 姜片 | 5克 |
| 豆瓣酱 | 1大勺 |
| 料酒 | 2/3大勺 |
| 盐 | 2/3小勺 |
| 干辣椒段 | 2/3小勺 |
| 花椒 | 1/2小勺 |
| 辣椒油 | 1小勺 |
| 藤椒油 | 1小勺 |
| 色拉油 | 3大勺 |

## 要点提示

- 宽粉必须用凉水泡软后再与排骨同炖。
- 最后加入辣椒油和藤椒油提升麻辣味，用量可根据个人口味适量增减。

## 做法

① 将猪排骨剁成小段，冲净血水。

② 白菜叶用手撕成巴掌大小的块。

③ 冻豆腐切成骨牌厚片；宽粉用凉水泡软；豆瓣酱剁细。

④ 锅内倒入色拉油烧至四成热，加入葱段、姜片、花椒和干辣椒段爆香，下入猪排骨煸干水分。

⑤ 放入豆瓣酱炒出红油，烹入料酒，加入开水，调入盐，大火煮沸。

⑥ 将猪排骨等食材倒入高压锅（可用电压力锅）内，压15分钟至熟透，开盖后放入白菜叶、冻豆腐和宽粉，继续炖至入味。

⑦ 淋辣椒油和藤椒油，出锅盛入汤碗内即成。

# 推纱望月

汤清味鲜，入口滑嫩。

制作时间
30分钟

难易度
★★

## 用料

| | |
|---|---|
| 鸽蛋 | 10个 |
| 水发竹荪 | 100克 |
| 香菜叶 | 5克 |
| 盐 | 1小勺 |
| 胡椒粉 | 1/3小勺 |
| 香油 | 1/2小勺 |
| 清鸡汤 | 3杯 |

## 做法

① 水发竹荪切去两头，洗净，剖开切片，下入沸水锅内氽透，捞出沥干。

② 取10只干净的小圆碟，在其内壁均匀地涂一层油。

③ 在每只碟内打入1个鸽蛋，放入蒸笼中用微火蒸熟。

④ 锅置火上，倒入清鸡汤烧沸，放入竹荪片，加入盐和胡椒粉调味。

⑤ 将蒸熟的鸽蛋脱离小碟，放入汤盆内。

⑥ 稍煮后出锅，盛入汤盆内，点缀香菜叶，淋香油即成。

# 第三章

## 煲给家人的养生汤

一煲好汤，
满足全家人的食补需求。

女性调养汤，

产后调养汤，

老年人滋补汤，

学生日常汤……

全家人都能找到属于自己的汤品。

女性调养汤

# 山楂红薯羹

色泽诱人，味道酸甜，入口润滑。

## 用料

| | |
|---|---|
| 鲜山楂 | 150克 |
| 红薯 | 150克 |
| 木瓜肉 | 50克 |
| 青豆 | 15克 |
| 炼乳 | 2大勺 |
| 盐 | 1/2小勺 |
| 水淀粉 | 1大勺 |

Tips

　　山楂具有降血脂、降血压、强心等作用，也是健脾开胃、消食化滞、活血化痰的良药，对胸膈痞满、疝气、瘀血、闭经等症有很好的疗效。

## 做法

① 鲜山楂洗净去蒂，煮熟后压成泥，过筛，去皮、籽。

② 红薯洗净蒸熟，去皮，压成细泥。

③ 木瓜肉切成小方丁；青豆放入沸水中略氽。

④ 锅置火上，倒入2杯清水煮沸，加入山楂泥和红薯泥煮沸。

⑤ 加入炼乳、青豆和木瓜丁稍煮。

⑥ 用水淀粉勾芡，搅匀出锅即成。

### 要点提示

· 山楂的皮和籽一定要去净。

· 此羹汤不宜用铁锅煮制。

# 鲜奶口蘑

制作时间
35 分钟

难易度
★ ★

色泽洁白，软滑鲜香，奶味浓郁。

## 用料

| | |
|---|---|
| 鲜口蘑 | 250克 |
| 鲜牛奶 | 1小袋 |
| 水发木耳 | 25克 |
| 枸杞 | 数粒 |
| 香菜末 | 1小勺 |
| 盐 | 2/3小勺 |
| 水淀粉 | 1大勺 |
| 香油 | 1/2小勺 |

## 要点提示

· 鲜口蘑务必用沸水汆透，不仅可以杀死细菌和部分虫卵，还可以使鲜口蘑味道更好，口感更滑嫩。

· 做此菜时，前面不要加油，最后淋的香油量也要少。

## 做法

① 鲜口蘑择洗干净，切成约0.3厘米厚的片，放入沸水中汆透，捞出沥干水分。

② 水发木耳拣去杂质，用手撕成小朵；枸杞用热水泡软。

③ 不锈钢锅置火上，放入鲜牛奶、口蘑片、木耳小朵和枸杞，加入盐调好味，盖上锅盖。

④ 煮沸后续煮3分钟，用水淀粉勾芡。

⑤ 推匀后出锅，撒上香菜末，淋香油即成。

# 韩式嫩豆腐锅

制作时间
20分钟

难易度
★★

*汤色红亮，香辣咸鲜，海鲜味浓。*

## 用料

| 用料 | |
|---|---|
| 嫩豆腐 | 250克 |
| 蛤蜊 | 100克 |
| 鲜鱿鱼 | 50克 |
| 基围虾 | 50克 |
| 青辣椒 | 1/2根 |
| 红辣椒 | 1/2根 |
| 大葱 | 20克 |
| 蒜蓉 | 1小勺 |
| 生抽 | 1大勺 |
| 细辣椒粉 | 1小勺 |
| 辣椒油 | 1小勺 |
| 料酒 | 1小勺 |
| 胡椒粉 | 1/3小勺 |
| 盐 | 1/4小勺 |
| 香油 | 1小勺 |
| 高汤 | 2杯 |

## 做法

① 将嫩豆腐切成约3厘米见方的块。

② 鲜鱿鱼洗净，切花刀块；基围虾洗净，放入沸水中氽烫，捞出晾凉。

③ 蛤蜊放入淡盐水中浸泡1小时，待其吐净泥沙后洗净。

④ 青、红辣椒和大葱分别斜切成约1厘米长的段。

⑤ 锅置火上，倒入高汤煮沸，加入嫩豆腐块、生抽、细辣椒粉、辣椒油、料酒、蒜蓉、胡椒粉和盐，炖5分钟后放入蛤蜊、鲜鱿鱼块、基围虾，接着放入葱段和青、红辣椒段。

⑥ 煮至蛤蜊张口时淋香油即成。

## Tips

女性多吃海鲜有保护乳房的作用，海鲜中富含人体必需的微量元素，有独特的保护乳腺的作用。处于青春期的女孩应多食海鲜。

### 要点提示

· 各种用料的初加工要细致。

· 加入海鲜用料后不宜久煮，否则成菜口感不佳。

# 八珍美容蛋汤

制作时间
60 分钟

难易度
★★

清甜，润口。

## 用料

| | |
|---|---|
| 鸡蛋 | 2个 |
| 莲子 | 50克 |
| 龙眼肉 | 50克 |
| 干银耳 | 25克 |
| 杏仁 | 10克 |
| 糖桂花 | 1小勺 |
| 蜂蜜 | 1小勺 |
| 冰糖 | 1大勺 |
| 枸杞 | 10粒 |

Tips

　　莲子具有补脾止泻、止带、益肾涩精、养心安神之功效，常用于辅助治疗脾虚泄泻、带下、遗精、心悸失眠等症。

## 做法

① 干银耳、莲子和杏仁分别用热水泡发，用清水洗两遍，沥干水分。

② 鸡蛋打入碗内，用筷子充分搅匀。

③ 不锈钢锅置火上，倒入适量清水，放入银耳、莲子、龙眼肉、杏仁和冰糖，煮沸后撇去浮沫，改小火炖30分钟。

④ 撒入枸杞，淋入鸡蛋液煮沸。

⑤ 加入糖桂花和蜂蜜调匀即成。

## 要点提示

· 炖制时间要够，以达到软糯的口感。

· 糖桂花和蜂蜜的用量要适度，过甜则食之腻口。

# 一桶满谷鲜

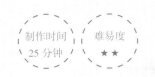

制作时间
25 分钟

难易度
★ ★

鲜滑浓醇，香气诱人。

## 用料

| | |
|---|---|
| 内酯豆腐 | 100克 |
| 蟹粉 | 50克 |
| 乌贼 | 30克 |
| 虾仁 | 30克 |
| 蛤蜊肉 | 30克 |
| 辽参 | 30克 |
| 青豆 | 30克 |
| 姜末 | 1小勺 |
| 花雕酒 | 2小勺 |
| 盐 | 1小勺 |
| 米醋 | 1/2小勺 |
| 水淀粉 | 1大勺 |
| 鲜汤 | 3杯 |
| 色拉油 | 1大勺 |
| 胡萝卜丁 | 1小勺 |

## Tips

内酯豆腐有降压、化痰、消炎、美容、止吐的功效。但是胃溃疡、胃酸分泌过多者慎食。

## 做法

① 内酯豆腐洗去表面黏液，切成约1厘米见方的小丁。

② 将乌贼、虾仁、辽参、蛤蜊肉和青豆分别用沸水汆烫，捞出沥干水分。

③ 锅置火上，倒入色拉油烧热，下入蟹粉和姜末煸香。

④ 烹入花雕酒，倒入鲜汤煮沸，放入乌贼、虾仁、辽参、蛤蜊肉、青豆、胡萝卜丁和内酯豆腐丁略煮。

⑤ 加入盐调味，用水淀粉勾浓芡，淋米醋后搅匀，起锅装入小木桶内即成。

## 要点提示

· 各种海鲜用料的初加工要细致。

· 要掌握好水淀粉的用量，以手勺舀起汤汁能挂住勺背薄薄一层为佳。

# 意大利牛肝菌浓汤

制作时间 45分钟 ◦ 难易度 ★★

汤汁浓滑，香味浓醇。

## 用料

| | |
|---|---|
| 牛肝菌 | 60克 |
| 口蘑 | 200克 |
| 大蒜 | 2瓣 |
| 白葡萄酒 | 20毫升 |
| 奶油 | 3大勺 |
| 盐 | 1小勺 |
| 胡椒粉 | 1/3小勺 |
| 百里香 | 1小勺 |
| 迷迭香 | 1小勺 |
| 鸡汤 | 2杯 |
| 橄榄油 | 2大勺 |

### Tips

　　牛肝菌含有人体必需的8种氨基酸，还含有腺嘌呤、胆碱等生物碱。牛肝菌入药，可辅助治疗腰腿疼痛、手足麻木。

## 做法

① 牛肝菌放入凉水中浸泡2小时，洗净后挤干水分，切成小片。浸泡用的原汤留用。

② 口蘑洗净，切成薄片；大蒜切末。

③ 锅置火上，倒入橄榄油烧热，下入蒜末炒香，倒入口蘑片和牛肝菌片炒出水分，加入白葡萄酒，盖上锅盖焖5分钟。

④ 放入鸡汤、3大勺泡牛肝菌原汤、百里香、迷迭香和2大勺奶油，煮15分钟，拣出百里香和迷迭香。

⑤ 将煮好的浓汤倒入料理机内搅打均匀，重新倒回锅内。

⑥ 加入剩余奶油、盐和胡椒粉稍煮，盛入碗内即成。

### 要点提示

· 口蘑片和牛肝菌片先焖后煮，成菜味道才会浓香。

· 第二次加热时不可久煮。

产后调养汤

# 奶汤鲫鱼

汤汁乳白，鱼肉鲜嫩。

制作时间 40分钟　　难易度 ★★

## 用料

| | |
|---|---|
| 鲜小鲫鱼 | 2条 |
| 香菜 | 5克 |
| 生姜 | 5克 |
| 料酒 | 2小勺 |
| 盐 | 1小勺 |
| 胡椒粉 | 1/2小勺 |
| 香油 | 1/2小勺 |
| 花生油 | 1大勺 |
| 化猪油 | 1大勺 |

Tips

　　鲫鱼汤中有全面而优质的蛋白质，可以促进产妇下奶。它还对肌肤的弹力纤维起到很好的强化作用。鲫鱼汤对压力、睡眠不足等精神因素导致的早期皱纹，有缓解功效。

## 做法

① 将小鲫鱼宰杀处理干净，揩干水分，在鱼身两侧各划出一字花刀。在鲫鱼表面抹匀1小勺料酒和1/2小勺盐，腌制5分钟。

② 生姜刨皮洗净，切片；香菜洗净，切段。

③ 锅置火上，倒入花生油和化猪油烧热，下入姜片，用手勺压住在锅底来回擦数下。

④ 放入鲫鱼，煎至两面变黄、稍硬。

⑤ 烹入剩余料酒，掺入3杯开水，以旺火煮至汤白，加入剩余盐和胡椒粉调味，续煮至熟，拣出姜片。

⑥ 盛入汤盆内，淋香油，撒香菜段即成。

### 要点提示

· 在鲫鱼表面抹盐、用姜片擦拭锅底，其目的均是防止在煎制时粘锅。

· 将鲫鱼两面煎至变黄、稍硬，炖出来的鱼汤才会是奶白色的。

# 黄花菜炖猪蹄

制作时间
80分钟

难易度
★★

汤白味鲜，筋糯香滑。

## 用料

| 净猪蹄 | 1个 |
| 水发黄花菜 | 100克 |
| 油菜心 | 6棵 |
| 生姜 | 3片 |
| 料酒 | 2小勺 |
| 盐 | 1小勺 |
| 枸杞 | 10粒 |

Tips

　　猪蹄汤不仅可以下奶，更可以补身。猪蹄性平，味甘咸，具有补虚弱、填肾精、健腰膝等功效，是老人、妇女、失血者的食疗佳品。

## 做法

① 将净猪蹄用平刀从中间片成两半，再顺关节切成小块。

② 猪蹄块同凉水一起入锅，煮沸后续煮5分钟，捞出洗净污沫。

③ 水发黄花菜去根，每根均用牙签划几下；油菜心分瓣，洗净。

④ 取一净砂锅，倒入清水，放入猪蹄块、姜片和料酒。

⑤ 以旺火煮沸，撇净浮沫，转小火炖至熟透，加入黄花菜、枸杞，调入盐炖至软烂。

⑥ 放入油菜心稍炖即成。

### 要点提示

· 水发黄花菜用牙签划过，炖制时更容易入味。

# 奶汤锅子鱼

制作时间
45分钟

难易度
★★

汤白甘滑，味道鲜美，营养丰富。

## 用料

| | |
|---|---|
| 鲜鲤鱼 | 1条 |
| 火腿肠 | 50克 |
| 水发香菇 | 50克 |
| 水发玉兰片 | 50克 |
| 香菜段 | 10克 |
| 葱段 | 5克 |
| 姜片 | 5克 |
| 料酒 | 2小勺 |
| 盐 | 1小勺 |
| 白胡椒粉 | 半小勺 |
| 奶汤 | 3杯 |
| 色拉油 | 3大勺 |
| 姜醋汁 | 1小碟 |

## 要点提示

· 奶汤的质量是此菜成功与否的关键。好的奶汤是由鸡、猪骨、鱼骨等精心煨制而成，色白而浓香。

· 鱼肉煮至八成熟即可上桌。

· 此菜最好用紫铜火锅，若为家常食用，用一般的火锅也可。

## 做法

① 将鲜鲤鱼刮去鱼鳞，除鱼鳃，抽去鱼腥线，剖腹开膛后取出内脏，用水冲洗干净。切下鱼头，鱼身沿脊骨切成两半，每一半均用斜刀切成瓦块状。

② 火腿肠、水发香菇、水发玉兰片分别切成长方片。

③ 炒锅内倒入色拉油烧至七成热，放入鱼头和切好的鱼块，煎炸至鱼肉呈金黄色。

④ 加入料酒、葱段和姜片，翻炒均匀后倒入奶汤，大火煮沸。

⑤ 再加入切好的香菇片、火腿片和玉兰片，调入盐，大火炖煮5分钟。

⑥ 将炖煮好的鱼汤全部倒入火锅内，端上桌继续炖煮。

⑦ 吃时加入白胡椒粉和香菜段，鱼肉蘸姜醋汁食用。

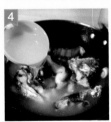

# 香菜草鱼汤

制作时间
25 分钟

难易度
★★

鱼片细嫩，汤鲜润滑。

## 用料

| | |
|---|---|
| 草鱼肉 | 250克 |
| 香菜 | 50克 |
| 蛋清 | 35克 |
| 干淀粉 | 1大勺 |
| 料酒 | 2小勺 |
| 姜粉 | 1小勺 |
| 盐 | 1小勺 |
| 胡椒粉 | 1小勺 |
| 香油 | 1/3小勺 |
| 骨头汤 | 3大勺 |
| 枸杞 | 10粒 |

## Tips

草鱼味甘、性温、无毒，入肝、胃经，具有暖胃和中、平降肝阳、祛风、治痹、截疟、益肠、明目之功效。

对产妇来说，草鱼有助于开胃祛风，并能改善产后食欲不振。

## 做法

① 草鱼肉洗净，用抹刀切成约0.3厘米厚的小片；香菜择洗干净，切成小段。

② 草鱼片放入盆内，加入料酒和1/2小勺盐拌匀，再加入蛋清和干淀粉拌匀上浆。

③ 锅内倒入骨头汤煮沸，放入姜粉煮5分钟。

④ 分散下入上浆的草鱼片汆至刚熟，加入剩余盐和胡椒粉调味。

⑤ 撒香菜段、枸杞，淋香油，出锅装碗即成。

## 要点提示

· 下入草鱼片时要旺火沸水。应随时撇去汤中的浮沫，以保持汤汁清亮。

# 平桥豆腐羹

制作时间 30分钟　难易度 ★★

晶莹透亮，滑嫩鲜香，老幼皆宜。

## 用料

| | |
|---|---|
| 南豆腐 | 150克 |
| 虾仁 | 50克 |
| 五花肉 | 50克 |
| 火腿 | 25克 |
| 水发木耳 | 25克 |
| 鸡蛋饼 | 25克 |
| 香菜末 | 1小勺 |
| 干淀粉 | 1大勺 |
| 盐 | 1小勺 |
| 水淀粉 | 1大勺 |
| 香油 | 1/2小勺 |

## 要点提示

· 在汤中加入五花肉有去腥增香的作用，但改刀前要用开水略汆，去除部分油脂。

· 虾仁如果加热过久会变老，最好在出锅前加入。

## 做法

① 南豆腐切成菱形薄片。

② 五花肉用开水略汆，切成小薄片；火腿切丝后切末；水发木耳择洗干净，撕成小片；虾仁用刀从背部片开，挑去肠线，洗净后拍上一层干淀粉；鸡蛋饼切成菱形片。

③ 木耳片和虾仁略汆，捞出沥干水分。

④ 锅置火上，倒入适量水煮沸，放入鸡蛋饼、五花肉片、木耳片和豆腐片，加盐调味。

⑤ 煮熟后用水淀粉勾芡，再放入虾仁和火腿稍煮，加入香菜末和香油，推匀即成。

老年人滋补汤

# 竹荪肝膏汤

汤清味鲜，肝膏细嫩，营养滋补。

制作时间
30分钟

难易度
★★

## 用料

| | |
|---|---|
| 鸡肝 | 200克 |
| 水发竹荪 | 75克 |
| 蛋清 | 70克 |
| 葱白 | 10克 |
| 生姜 | 10克 |
| 香菜叶 | 5克 |
| 料酒 | 1大勺 |
| 水淀粉 | 1大勺 |
| 盐 | 1小勺 |
| 胡椒粉 | 1/2小勺 |
| 清汤 | 3杯 |

## Tips

竹荪营养丰富，香味浓郁，滋味鲜美，自古就被列为"草八珍"之一。竹荪的蛋白质中氨基酸含量极为丰富，其中谷氨酸含量尤其高，是竹荪味道鲜美的主要原因。

## 做法

① 水发竹荪切去两头，切成约3厘米长的段，再切成条，氽烫后捞出，挤干水分。

② 生姜洗净，切片；葱白洗净，切段。

③ 鸡肝洗净，捣成细蓉，加入姜片、葱段、1/2小勺盐、1/4小勺胡椒粉和料酒搅匀，过细筛去渣。

④ 再加入蛋清和水淀粉搅匀，用保鲜膜封口，放入蒸锅中，用小火蒸至断生后取出。

⑤ 清汤倒入锅内，锅置火上煮沸，加入剩余盐和剩余胡椒粉调味，再放入竹荪条煮入味。

⑥ 起锅倒在蒸好的肝膏内，撒香菜叶即成。

 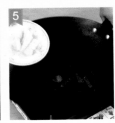 

## 要点提示

· 做此菜必须选用鲜嫩的鸡肝。

· 蒸制鸡肝膏时要控制好时间和火力，以保证成菜的鲜嫩度。

# 竹荪芙蓉汤

色泽素雅，咸鲜滑嫩。

制作时间
25分钟

难易度
★★

## 用料

| | |
|---|---|
| 水发竹荪 | 75克 |
| 蛋清 | 175克 |
| 素火腿 | 50克 |
| 白酱油 | 2/3大勺 |
| 盐 | 1小勺 |
| 胡椒粉 | 1/2小勺 |
| 高汤 | 2杯 |

Tips

　　素火腿是一道传统名菜，已有1500多年的历史，主要食材是豆腐衣，因形似火腿而得名。素火腿有益肺固肾，行气和胃之功效。

## 做法

① 将水发竹荪改刀成等大的长条片。素火腿切成同竹荪大小相当的菱形片。

② 蛋清放入汤碗内，用筷子打散，加入1/3杯清水和1/3小勺盐搅匀，放入蒸锅中，用小火蒸10分钟。

③ 取出，在蒸蛋面上排上竹荪片和素火腿片，再放入蒸笼中蒸2分钟，取出。

④ 锅内倒入高汤煮沸，加入白酱油、盐和胡椒粉调好口味，徐徐冲入竹荪片、素火腿和蒸蛋碗内，上桌即成。

### 要点提示

· 蛋清第一次蒸至半熟即可取出。若蒸全熟后再复蒸，口感就会变老。

· 蒸制时必须用小火，以能保证其滑嫩的口感。

# 草菇蛋白羹

润滑，咸鲜。

制作时间
20分钟

难易度
★★

## 用料

| | |
|---|---|
| 鲜草菇 | 150克 |
| 蛋清 | 105克 |
| 香菜 | 10克 |
| 盐 | 1小勺 |
| 胡椒粉 | 1/3小勺 |
| 姜汁 | 1/3小勺 |
| 水淀粉 | 2大勺 |
| 香油 | 1/3小勺 |

## 做法

① 鲜草菇去根，洗净泥沙后切成小丁，放入沸水中汆透，捞出挤干水分。

② 香菜洗净，切末；将蛋清充分打散。

③ 汤锅置旺火上，倒入2杯清水，放入姜汁、胡椒粉和鲜草菇丁煮透，加入盐调好味。

④ 用水淀粉勾玻璃芡，淋蛋清搅匀，加入香菜末和香油即成。

## 要点提示

· 鲜草菇必须用沸水汆透，以去除草酸味。

· 勾芡后应立即搅匀，以免出现粉疙瘩。

# 花旗参黑鱼汤

汤清味鲜，鱼肉嫩滑。

制作时间
45 分钟

难易度
★★

## 用料

| 黑鱼 | 1条 |
|---|---|
| 花旗参 | 5克 |
| 枸杞 | 10粒 |
| 生姜 | 5克 |
| 料酒 | 2小勺 |
| 盐 | 1小勺 |
| 香油 | 1/3小勺 |

## 做法

① 黑鱼宰杀处理干净，取净肉切成厚片；鱼骨剁成小块。

② 生姜切成丝；花旗参和枸杞均用温水洗净，沥干水分。

③ 鱼片和鱼骨放入沸水中汆烫，去净黏液和血污，放入炖盅内，依次加入姜丝、枸杞、花旗参、料酒和适量开水。

④ 隔水炖半小时，加入盐调味，淋香油即成。

### 要点提示

· 如果觉得切鱼片太耗时，可将黑鱼直接切成块，用小火慢炖。隔水炖能够更好地保留鱼肉的鲜香和营养。

# 芋头排骨汤

制作时间
70分钟

难易度
★★

汤味鲜香，骨肉软烂，芋头绵糯。

## 用料

| 猪小排 | 300克 |
|---|---|
| 芋头 | 250克 |
| 姜片 | 5克 |
| 葱结 | 5克 |
| 料酒 | 1大勺 |
| 香醋 | 1大勺 |
| 盐 | 1小勺 |
| 八角 | 1颗 |
| 色拉油 | 2大勺 |
| 胡萝卜丁 | 2小勺 |

Tips

　　芋头有益胃、宽肠、通便、解毒、补肝肾、消肿止痛、益胃健脾、散结、调节中气、化痰、添精益髓等功效，可辅助治疗肿块、痰核、瘰疬、便秘等症。

## 做法

① 将猪小排顺骨缝划开，剁成约3厘米长的小段，凉水入锅煮沸，续煮5分钟捞出，用清水漂洗净污沫，沥干水分。

② 芋头去皮洗净，切成滚刀块。

③ 锅内倒入色拉油烧热，下入八角炸煳，捞出，再下入姜片和葱结炸香，投入排骨块炒干水汽。

④ 烹入料酒和香醋，加入适量开水，大火煮沸后转小火炖30分钟，拣出葱、姜。

⑤ 加入芋头块，再加入盐调味，加入胡萝卜丁，续炖20分钟即成。

### 要点提示

· 排骨余烫时要凉水下锅，这样血污才能除净。

· 要用小火炖制，并在排骨断生后再放入芋头同炖。

# 汽锅山药胡萝卜排骨

制作时间 70分钟　难易度 ★★

色美味鲜，排骨肉嫩。

## 用料

| 用料 | |
| --- | --- |
| 猪小排 | 450克 |
| 山药 | 200克 |
| 胡萝卜 | 200克 |
| 生姜 | 15克 |
| 大葱 | 10克 |
| 小葱末 | 1小勺 |
| 料酒 | 1大勺 |
| 盐 | 1小勺 |
| 胡椒粉 | 1/2小勺 |

Tips

　　山药中所含的胆碱和卵磷脂有助于提高人的记忆力，常食之可健身强体、延缓衰老，是人们所喜爱的保健佳品。

## 做法

① 猪小排切成约3厘米长的段，洗净。

② 胡萝卜和山药洗净，切成滚刀块；大葱切段；生姜切片。

③ 猪小排放入凉水锅内，煮沸后煮至血沫浮起，捞出洗净，沥干水分。

④ 汽锅内依次放入胡萝卜块、山药块和排骨，再放入葱段和姜片，加入盐、料酒和足量的开水。

⑤ 煮40分钟后拣出葱、姜，加入胡椒粉调味，撒上小葱末即成。

### 要点提示

· 排骨一定要汆烫后再放入汽锅中烹制，这样汤汁清澈且无异味。

· 汽锅内用料的摆放次序不要颠倒，蔬菜在最下面才能充分吸收排骨的香味。

# 羊骨汤氽鱼片

制作时间 40分钟

难易度 ★★

汤汁乳白，鱼肉滑嫩，味道鲜美。

## 用料

| | |
|---|---|
| 鲇鱼中段 | 1段（约300克） |
| 鲜羊骨 | 200克 |
| 蛋清 | 35克 |
| 香菜 | 10克 |
| 葱节 | 5克 |
| 姜片 | 5克 |
| 干淀粉 | 2小勺 |
| 料酒 | 1小勺 |
| 盐 | 1小勺 |
| 胡椒粉 | 1/2小勺 |
| 香油 | 1/3小勺 |
| 胡萝卜丁 | 2小勺 |

## 要点提示

· 鲇鱼肉切片要厚薄一致，在
洗净黏液后再上浆。

· 蛋清必须充分打散后再用于
给鱼片上浆，这样氽制时才
不会脱浆。

· 锅内下入鱼片后不宜过多翻
搅，以免鱼片软烂不成形。

## 做法

① 将鲇鱼中段剔骨，取净肉切成约0.3厘米厚的大片，用
清水洗去黏液。

② 挤干水分，放入小盆内，加入料酒、1/2小勺盐、蛋清
和干淀粉抓匀上浆。

③ 香菜洗净，切小段。

④ 鲜羊骨和鲇鱼骨放入沸水中氽烫。

⑤ 锅内放入鲜羊骨和鲇鱼骨，加入葱节、姜片、胡萝卜
丁和适量清水，以旺火煮至汤白，捞出料渣。

⑥ 逐一下入上浆的鱼片氽熟，加入胡椒粉和剩余盐调味。

⑦ 起锅盛入汤盆内，淋香油，撒香菜段即成。

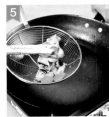

# 意大利牛肉汤

颜色诱人，香味浓郁。

难易度
★★

制作时间
35 分钟

## 用料

| | |
|---|---|
| 牛肉 | 150克 |
| 番茄 | 150克 |
| 卷心菜 | 100克 |
| 鲜红辣椒 | 2根 |
| 牛肉汤 | 5杯 |
| 盐 | 1小勺 |
| 橄榄油 | 2大勺 |
| 葱花 | 1小勺 |

## 做法

① 牛肉洗净，切成末；卷心菜洗净，切成丝；番茄洗净，去皮切块；鲜红辣椒洗净切碎。

② 锅内倒入橄榄油烧热，加入牛肉末和鲜红辣椒碎炒香，再加入番茄块炒软。

③ 掺牛肉汤煮沸，再放入卷心菜丝煮软，加入盐调味，撒葱花即成。

### 要点提示

· 要选用熟透的红番茄，并且要炒出红汁，汤色才红亮。

· 牛肉汤要一次加足。

# 荷包蛋清汤

汤汁清澈，润口解腻。

制作时间
20分钟

难易度
★★

## 用料

| | |
|---|---|
| 鸡蛋 | 1个 |
| 枸杞 | 10粒 |
| 小葱 | 5克 |
| 生姜 | 3克 |
| 胡椒粉 | 1小勺 |
| 盐 | 1/2小勺 |
| 香油 | 1/2小勺 |

## 做法

① 小葱洗净，切葱花；生姜洗净去皮，切末；枸杞用热水
  泡软。

② 鸡蛋打入小碗内。

③ 锅置火上，倒入2杯清水煮至微沸，加入姜末，放入鸡蛋
  煮成荷包蛋。

④ 快熟时加入盐和胡椒粉调味，撒入葱花和枸杞，淋香油，
  出锅即成。

### 要点提示

· 将鸡蛋打入小碗内，再倾入微沸的水中，可做出完美
  的荷包蛋。

# 沙茶排骨煲

制作时间
100分钟

难易度
★★

排骨软嫩香醇，蒜香沙茶味浓。

## 用料

| | |
|---|---|
| 猪小排 | 500克 |
| 小油菜 | 100克 |
| 蒜蓉 | 1大勺 |
| 葱丝 | 1小勺 |
| 沙茶酱 | 3大勺 |
| 料酒 | 2小勺 |
| 酱油 | 1小勺 |
| 盐 | 2/3小勺 |
| 香油 | 1小勺 |
| 色拉油 | 2大勺 |
| 胡萝卜丁 | 1小勺 |

Tips

　　蒜蓉具有很强的杀菌效力，是天然的抗生素。它对痢疾、伤寒、葡萄球菌、链球菌等10多种细菌和阿米巴原虫都有强烈的杀灭作用。

## 做法

① 将猪小排顺骨缝切开，剁成约3.5厘米长的段，汆烫后晾干水分。

② 放入2/3小勺酱油、1/3小勺盐和1小勺料酒拌匀，腌制20分钟。

③ 将3杯开水、剩余料酒、盐和酱油倒入小碗内，调成味汁。

④ 砂锅置火上，倒入色拉油烧热，先放入蒜蓉炸黄，再下入沙茶酱稍炒。

⑤ 放入排骨段翻炒至无水汽，倒入调好的味汁，盖上锅盖，用微火煲1小时。

⑥ 加入小油菜、胡萝卜丁略煮，淋香油，撒葱丝即成。

## 要点提示

· 蒜蓉和沙茶酱用量要足，用底油炒香。

· 排骨要先煸干水汽再加入味汁煲制。

# 番茄牛肉羹

质地滑嫩，滋味鲜美，营养丰富。

制作时间
25分钟

难易度
★★

## 用料

| | |
|---|---|
| 牛肉 | 100克 |
| 番茄 | 2个 |
| 水发香菇 | 2朵 |
| 香菜 | 1棵 |
| 鸡蛋 | 1个 |
| 葱花 | 1小勺 |
| 姜末 | 1小勺 |
| 水淀粉 | 1大勺 |
| 盐 | 1小勺 |
| 色拉油 | 2大勺 |

## Tips

　　牛肉含有丰富的蛋白质，其组成比猪肉更符合人体需要，能提高机体抗病能力，对生长发育及手术后、病后调养大有裨益。

## 做法

① 牛肉洗净，先切成粗丝，再切成末。

② 番茄洗净，切成约1厘米见方的丁；水发香菇去蒂，切成小丁；香菜洗净切碎。

③ 锅置火上，倒入1大勺色拉油烧热，下入番茄丁和香菇丁略炒，盛出。

④ 锅内倒入剩余色拉油重置火上烧热，下入牛肉末和姜末煸炒干水分且酥香，添入开水，煮沸后撇去浮沫，加入盐调好味。

⑤ 待牛肉末煮至酥嫩时，倒入番茄丁和香菇丁，用水淀粉勾薄芡，淋入鸡蛋液推匀，撒上葱花和香菜碎即成。

## 要点提示

· 牛肉末煸炒后加水煮酥，再下入番茄丁和香菇丁。

# 清炖豆芽排骨汤

咸鲜，解腻。

## 用料

| | |
|---|---|
| 鲜猪小排 | 500克 |
| 黄豆芽 | 200克 |
| 葱节 | 5克 |
| 姜片 | 5克 |
| 香菜段 | 5克 |
| 料酒 | 2/3大勺 |
| 盐 | 1小勺 |
| 胡椒粉 | 1/2小勺 |
| 香油 | 1/3小勺 |
| 枸杞 | 数粒 |

## Tips

　　豆芽具有美容、排毒、抗氧化、提高机体免疫力的作用；具有清除血液中堆积的胆固醇和脂肪、防治心血管疾病的作用；能减少人体内乳酸的含量，可用来辅助治疗神经衰弱。

## 做法

① 猪小排顺骨缝划开，剁成约3厘米长的段，同凉水一起入锅，煮沸后续煮5分钟捞出，冲洗干净。

② 黄豆芽除皮掐根，放入沸水锅内汆至断生，捞出沥干，晾凉。

③ 高压锅（可用电压力锅）内加入适量清水，放入排骨段、葱节、姜片和料酒，压10分钟。

④ 关火，待热气散后揭开锅盖，拣出葱节和姜片，放入黄豆芽、枸杞，调入盐和胡椒粉续炖10分钟。

⑤ 起锅盛入汤盆内，滴入香油，撒香菜段即成。

## 要点提示

· 黄豆芽要先汆去豆腥味，再与排骨同炖。

· 此汤如用砂锅炖制，时间应在40分钟以上。

# 椰汁海鲜浓汤

制作时间 45分钟　难易度 ★★★

用料丰富，口味独特。

## 用料

| 鲈鱼肉 | 200克 |
|---|---|
| 虾 | 100克 |
| 花生米 | 40克 |
| 番茄 | 150克 |
| 面包 | 1片 |
| 青椒 | 1根 |
| 红椒 | 1根 |
| 洋葱末 | 1小勺 |
| 姜末 | 1小勺 |
| 蒜末 | 1小勺 |
| 香菜末 | 1小勺 |
| 椰汁 | 400毫升 |
| 盐 | 1小勺 |
| 黑胡椒粉 | 1/2小勺 |
| 柠檬汁 | 1大勺 |
| 鸡汤 | 3大勺 |
| 黄油 | 1大勺 |
| 橄榄油 | 2大勺 |

## 要点提示

· 虾仁不要过早加入，否则口感不佳。

· 此菜在南美洲极受欢迎。在巴西等地，通常还会加入磨成粉的虾米提鲜。

## 做法

① 鲈鱼肉切成大小适宜的骨牌块。

② 虾洗净去壳；青椒、红椒洗净，切碎粒；番茄和面包切成小方丁；花生米用水泡透，捞出沥干水分。

③ 锅置火上，倒入1大勺橄榄油烧热，下入洋葱末、蒜末和姜末爆香，加入花生米、番茄丁、青椒碎、红椒碎、黄油和柠檬汁翻炒片刻。

④ 倒入鸡汤和椰汁煮沸、搅匀。

⑤ 平底锅置火上，倒入剩余橄榄油，放入面包丁煎黄后盛出。

⑥ 将鲈鱼块放入锅内煎至鱼肉稍硬。

⑦ 撒黑胡椒粉，倒入煮好的汤汁续煮8分钟，加入虾仁再煮2分钟。

⑧ 调入盐，撒上面包丁和香菜末即成。

# 黄椒鱼头煲

制作时间 25 分钟

难易度 ★★

吃法特别，鱼头鲜香，滑嫩辣爽。

## 用料

| | |
|---|---|
| 花鲢鱼头 | 1个（约1000克） |
| 洋葱 | 100克 |
| 水发粉条 | 100克 |
| 姜片 | 3片 |
| 大葱 | 3段 |
| 小葱花 | 2小勺 |
| 姜末 | 1小勺 |
| 蒜末 | 1小勺 |
| 黄灯笼辣椒酱 | 3大勺 |
| 蒸鱼豉油 | 3大勺 |
| 料酒 | 1大勺 |
| 盐 | 1/2小勺 |
| 色拉油 | 2大勺 |

## 要点提示

· 汆烫后的鱼头一定要用清水漂洗干净。

· 砂锅置火上加热时，火不宜太旺，以免鱼头还没熟透汤汁就被熬干。

## 做法

① 花鲢鱼头洗净，剁成大块放入盆内，加入姜片、料酒、葱段和盐拌匀，腌制10分钟。

② 将鱼头逐块放入沸水锅内汆透，捞出后再用清水洗两遍，沥干水分。

③ 洋葱剥皮，切成丝，放入砂锅内垫底，上面放水发粉条，再摆上鱼头块。

④ 淋蒸鱼豉油。

⑤ 锅置火上，倒入色拉油烧热，下入姜末和蒜末炸香，倒入黄灯笼辣椒酱炒香。

⑥ 将炒香的调料浇在鱼头块上，盖上砂锅盖。

⑦ 砂锅置火上，加热10分钟至鱼头熟透入味。

⑧ 撒上小葱花即成。

# 双椒鲢鱼

鱼肉嫩滑，香辣爽口。

制作时间
45分钟

难易度
★★

## 用料

| | |
|---|---|
| 鲢鱼 | 1尾（约750克） |
| 鲜青小米辣 | 50克 |
| 鲜红小米辣 | 50克 |
| 猪肥肉片 | 10克 |
| 姜片 | 5克 |
| 葱节 | 5克 |
| 蛋清 | 35克 |
| 鲜花椒 | 2大勺 |
| 干淀粉 | 1大勺 |
| 料酒 | 2小勺 |
| 盐 | 1小勺 |
| 胡椒粉 | 1/3小勺 |
| 色拉油 | 1/3杯 |

## 要点提示

· 鱼片上浆不能过厚，且需静置片刻，否则鱼片下入汤中后易脱浆，使汤汁黏稠不清爽。

· 炖汤时加入少许猪肥肉片，既可去除鱼腥味，又可以使汤汁更白。

· 炒鲜花椒和青、红小米辣时要按顺序下锅，这样成菜口味才有层次感。

## 做法

① 将鲢鱼宰杀处理干净，剁下头尾，将鱼身中的鱼骨剔除。将鱼头、鱼尾和鱼骨均放入沸水中汆烫。

② 取净鱼肉切成约0.3厘米厚的片，放入小盆内，加入1/3小勺盐、料酒、蛋清和干淀粉拌匀上浆。

③ 鲜青小米辣、鲜红小米辣分别洗净，切小圈。

④ 锅置火上，倒入1大勺色拉油烧热，炸香姜片和葱节，加清水，下入汆好的鱼头、鱼尾、鱼骨和猪肥肉片。

⑤ 煮沸至汤白时调入剩余盐和胡椒粉，续煮2分钟，拣出猪肥肉片。

⑥ 鱼骨捞入汤盆内垫底，接着将鱼片下入汤中煮熟。

⑦ 将鱼片连同汤汁一起倒入汤盆内。

⑧ 净锅重置火上，倒入剩余色拉油烧热，下入鲜花椒炒香，再下入鲜青、红小米辣圈炒出香味。

⑨ 将炒香的调料连油浇在鱼片上即成。

# 农家炖小排

制作时间 75分钟

难易度 ★★

土豆软糯，玉米清香，肉质细嫩。

## 用料

| 用料 | 用量 |
| --- | --- |
| 猪小排 | 500克 |
| 土豆 | 200克 |
| 嫩玉米 | 1根 |
| 生姜 | 3片 |
| 大葱 | 2段 |
| 香菜段 | 5克 |
| 料酒 | 2大勺 |
| 盐 | 1小勺 |
| 老抽 | 1小勺 |
| 八角 | 2颗 |
| 胡椒粉 | 1小勺 |
| 色拉油 | 2大勺 |
| 枸杞 | 10粒 |

## 要点提示

· 做此菜时，宜选用面土豆。
· 香菜段在出锅后加入，可为成菜增香增色。

## 做法

① 将猪小排顺骨缝划开，剁成约3.5厘米长的段，余烫待用。

② 土豆洗净去皮，切成滚刀块，用清水洗去淀粉；嫩玉米横切成约2厘米厚的圆块。

③ 锅内倒入色拉油烧热，放入八角炸煳，捞出，再放入葱段和姜片炸香，倒入排骨煸干水汽。

④ 烹入料酒，加入适量开水，煮沸后撇去浮沫，用小火炖30分钟。

⑤ 加入土豆块、嫩玉米块、枸杞，放入盐、老抽和胡椒粉调味。

⑥ 续炖20分钟至酥烂入味，起锅盛入汤盆内，撒香菜段即成。

# 糙米排骨汤

汤色素雅，米香肉烂，咸鲜适口。

制作时间　110 分钟　难易度　★★

## 用料

| | |
|---|---|
| 排骨 | 500克 |
| 糙米 | 100克 |
| 大枣 | 6颗 |
| 生姜 | 3片 |
| 盐 | 1小勺 |
| 枸杞 | 10粒 |

## 做法

① 糙米淘洗干净，放入清水中浸泡3小时。

② 排骨顺骨缝划开，剁成约3厘米长的段；大枣洗净去核。

③ 排骨放入沸水锅内氽透，捞出，用温水洗净表面污沫，沥干水分。

④ 锅置火上，倒入清水煮沸，放入排骨段、糙米、大枣、枸杞和姜片。

⑤ 大火煮沸后撇净浮沫，续煮20分钟，再转小火煮1小时。

⑥ 加入盐调味，盛入碗中即成。